Andreas Mecke

NEUSTART RECRUITING

Wie du die besten Mitarbeitenden
gewinnst und hältst

HAUFE.

INHALT

Aus Gründen der besseren Lesbarkeit wird bei einigen Personenbezeichnungen und personenbezogenen Hauptwörtern in diesem Buch das generische Maskulinum verwendet. Entsprechende Begriffe gelten im Sinne der Gleichbehandlung grundsätzlich für alle Geschlechter. Die verkürzte Sprachform hat nur redaktionelle Gründe und beinhaltet keinerlei Wertung.

Warum finde ich keine Mitarbeiter?

Neun Monate – so lange hat es in meiner letzten Festanstellung gedauert, bis ich alles hingeschmissen habe. Nicht wegen des Jobs an sich, nicht wegen der Branche oder der Firma als Ganze, sondern einzig und allein wegen einer Person: meinem Chef.

Denk mal an den typischen Vertriebsjob, in dem die Umsätze unter hohem Tempo ständig auf und ab gehen: Genau so war meiner auch. Als Teamleiter betreute ich Projekte, führte Mitarbeitende und war natürlich auch selbst als Verkäufer unterwegs. Für unsere Kunden sah das Unternehmen von außen erfolgreich aus. Doch innen, für uns Mitarbeitende, war es eine ganz andere Welt …

Dauernde Drohungen, Verkaufsdruck ohne Rücksicht auf die wirklichen Bedürfnisse der Kundschaft – für den Chef schien alles erlaubt. Anstatt zu fragen: „Braucht der Kunde das wirklich?“, hieß es nur: „Wie viel Budget kann der Kunde noch für uns hergeben?“ Wir wurden mit hohen Provisionen motiviert – aber am Zahltag fand der Chef dann immer Gründe, warum er diese dann doch nicht in der vereinbarten Höhe auszahlen kann.

Wir hörten ständig, dass das Geld knapp sei, die Löhne vielleicht nicht gezahlt werden könnten und alle mal mehr reinhauen müssten. Nur um dann im nächsten Moment zu sehen, wie der Chef in seinem Luxussportwagen ins frühe Wochenende rauscht.

Es war nicht die Arbeit, die mich zum Gehen gezwungen hat. Es war die Art und Weise, wie dieser eine Mensch, meine Führungskraft, seine Firma führte – durch Angst, Druck und ständige Täuschung. Ich sah Kolleginnen nach seinen Wutausbrüchen weinend durchs Büro laufen, sah, wie er Versprechen brach und Mitarbeitende manipulierte.

Nach einem weiteren Tag voller Eskalationen hatte ich endgültig die Nase voll: In einem Meeting bin ich einfach aufgestanden und gegangen. In dem Moment habe ich entschieden: Ich will nicht länger in diesem toxischen Umfeld arbeiten und werde mich aus dieser Opferrolle befreien.

Sobald das Meeting beendet war, habe ich einen Aufhebungsvertrag unterschrieben und habe nie wieder einen Fuß in diese Firma gesetzt. Bald darauf habe ich mit einem mobilen Cocktailservice den Sprung in die Selbstständigkeit gewagt.

Die Ironie des Ganzen ist: Mein alter Chef wundert sich noch heute, warum er keine Mitarbeitenden findet oder halten kann. Dabei müsste er für die Antwort nur einmal in den Spiegel schauen – oder ehemalige Mitarbeitende fragen.

Eine wichtige Lehre habe ich aus dieser Erfahrung mitgenommen: Wenn du als Führungskraft kein Vorbild für deine Mitarbeitenden bist, wirst du immer Probleme haben, gute Leute zu finden und zu halten. Es liegt an dir, Verantwortung zu übernehmen und Veränderungen voranzutreiben, statt dich als Opfer der Umstände zu sehen.

Die Story findest du übertrieben und du bist dir sicher, dass du deine Mitarbeitenden nicht so zur Tür heraustreibst wie mein Chef damals? Das mag sein. Denn die Tatsache, dass du dieses Buch in den Händen hältst, zeigt ja schon, dass du eine bessere Führungskraft bist, als mein Chef es jemals war:

Du hast verstanden, dass sich etwas ändern muss. Dass DU etwas ändern musst.

Du hast verstanden, dass nicht immer nur die Bewerber daran schuld sein können, dass du deine Stellen nicht besetzt bekommst.

Wie ich damals, bist du aufgestanden und sagst dir: „Ich will nicht mehr das Opfer meiner Umstände sein, es muss noch einen anderen Weg geben!"

Den gibt es! Und um diesen Weg zu finden, gehen wir als Erstes der wichtigsten Frage auf den Grund: Warum findest du keine Mitarbeitenden? Auf den nächsten Seiten werde ich dich mit ein paar unbequemen Antworten auf diese Frage wachrütteln.

Das wird vielleicht etwas wehtun, denn du wirst dich an manchen Stellen ertappt fühlen und dir Dinge eingestehen, vor denen du bisher die Augen verschlossen hast. Aber ich appelliere an dich: Bleib offen und ehrlich mit dir!

Denn die gute Nachricht ist: Nach dieser kleinen Selbstreflexion zeige ich dir in den nächsten Kapiteln, wie du Schritt für Schritt aus der Opferrolle rauskommst und dich zu dem Arbeitgeber entwickelst, für den alle arbeiten wollen. Los geht's!

NO 1

Du willst oder brauchst gar keine neuen Mitarbeiter.

Als Unternehmer musst du dir als Allererstes mal die Frage stellen: „Wie wichtig sind die Menschen für mein Unternehmen? Wie sähe mein Laden aus, wenn morgen alle Mitarbeitenden weg wären? Wovon bin ich noch Chef, wenn niemand mehr da ist? Und: Wäre das wirklich so schlimm?"

Das ist eine ganz wichtige Frage, um erst mal ein bisschen runterzukommen und dich aus der Verzweiflung zu befreien: Brauchst du diese Menschen wirklich oder machst du dir gerade unnötig Sorgen?

Es gibt heute so viele Möglichkeiten, Prozesse zu automatisieren, outzusourcen oder gegebenenfalls durch maschinelle Prozesse und Fertigungsprozesse zu ergänzen. Wenn das bei dir der Fall ist, dann bräuchtest du dich ja nicht mit Mitarbeitenden „rumzuschlagen" und müsstest auch keine Zeit und Energie darauf verschwenden, neue Menschen zu finden, die fest für dich arbeiten.

Vielleicht stellst du gerade fest: „Ich kann das ja alles extern abgeben! Ich kann das Lohnbüro outsourcen, die Buchhaltung outsourcen. Ich kann sogar meinem Steuerberater sagen, dass er meine Überweisungen für mich durchführen soll. Ich kann mir Dienstleister suchen, die für meine Firma dies, das und jenes erledigen. Und für den Rest entwickle ich Systeme – dann kann ich allein meine gesamte Firma lenken und bin nicht auf Mitarbeitende angewiesen."

Wenn das auf dich zutrifft: Herzlichen Glückwunsch! Du hast offensichtlich kein Problem mit mangelnden Bewerbern, sondern hast nur dein Unternehmen noch nicht optimal aufgestellt.

No 2

Du weißt deine Mitarbeiter nicht zu schätzen.

Bevor du dich das nächste Mal darüber beschwerst, dass du keine guten Bewerber und Mitarbeitenden mehr bekommst, achte mal darauf, wie du mit den Menschen umgehst, die bereits für dich arbeiten.

Die Ressource „Mitarbeitende" ist für dich so wertvoll, weil du ohne sie dein Unternehmen dicht machen müsstest. Wie zeigst du diesen Menschen deine Wertschätzung dafür, dass sie dir helfen, deine Ziele zu erreichen und für dich tagtäglich großartige Dinge tun?

Lässt du sie deine Dankbarkeit spüren? Oder siehst du sie tatsächlich nur als zweckmäßige (Human-) Ressource?

Als Arbeitgeber und Führungskraft solltest du alles dafür tun, dass sich diese Menschen in deinem Unternehmen wohlfühlen. Mein Anspruch als Chef in meinen Unternehmen ist folgender: Ich will, dass wir uns gegenseitig wertschätzen, dass wir ein großartiges Team sind, dass wir gut miteinander arbeiten und dass meine Leute gerne jeden Tag zur Arbeit kommen.

Kannst du das auch über dich und dein Team sagen? Und, noch wichtiger: Kannst du es dir leisten, diese Einstellung nicht zu haben?

NO 3

Du bist kein attraktiver Arbeitgeber.

Wenn alle deine Mitarbeitenden total zufrieden wären, würden sie nicht kündigen. Stattdessen würden sie ihre Freunde und Bekannten von deinem Unternehmen begeistern, du hättest mehr Interessenten als Jobangebote.

Stell dir mal ganz ehrlich die Frage: „Was erzählen meine Mitarbeitenden wohl Familie und Freunden über mein Unternehmen und ihren Job? Wie gut kommt meine Firma dabei weg?"

HEUTE BLEIBT DIE KÜCHE KALT.

Über meine Personalvermittlung hatten wir mal eine erfahrene Köchin in einen Restaurantjob vermittelt, der auf dem Papier zu ihr passte wie Topf auf Deckel. Nach ein paar Wochen rief mich der Arbeitgeber an und beschwerte sich, dass die neue Mitarbeiterin jetzt schon seit Tagen ausfalle, und forderte, sie solle gefälligst zurück zur Arbeit kommen. Also rief ich die junge Köchin an, um mal zu hören, was da los ist. Ans Telefon ging eine Köchin, die nicht nur stark erkältet, sondern auch ziemlich frustriert war. „Seit sechs Tagen haben wir keine Heizung in der Küche und frieren uns einen ab. Dann falle ich deswegen mit einer dicken Erkältung mal zwei Tage aus, da macht der Chef bei mir Telefonterror und fordert, dass ich wieder zu Arbeit komme." Ich habe der Köchin gesagt, sie solle in Ruhe gesund werden, wir würden dann eine neue Lösung für sie finden.

Dann habe ich ihren Chef – unseren Kunden – angerufen, ihm erklärt, dass so ein Verhalten den Mitarbeitenden gegenüber unprofessionell ist, und habe die Zusammenarbeit gekündigt. Wer so respektlos und unverantwortlich mit Menschen umgeht, mit dem arbeiten wir nicht zusammen.

Die junge Köchin hat schnell einen neuen Job gefunden – denn gute Mitarbeitende sind überall gefragt. Sie hatte es nicht nötig, in einer ungeheizten Küche zu stehen und sich vom Chef schikanieren zu lassen.

NO 4

Du suchst die Schuld nur bei anderen.

„Es gibt einfach keine guten Leute mehr. Heute will ja niemand mehr was leisten." Diese Aussagen geistern seit Jahren in den Medien und den Köpfen vieler Arbeitgeber herum und halten sich dort hartnäckig. Klar: Ist ja auch einfacher, immer den anderen die Schuld zu geben, anstatt sich an die eigene Nase zu packen.

Hat dir das bisher weitergeholfen? Ich schätze nicht. Im schlimmsten Fall bist du schon so weit in die Resignation gerutscht, dass du in Erwägung ziehst, dein Geschäft aufzugeben. Denn ohne neue Leute kannst du auch keine neuen Kunden bedienen. Dann gibt es kein Wachstum und damit keine Zukunft für dein Unternehmen.

Klar wurde früher alles anders gemacht, und bestimmt waren die Bewerber auch anders drauf als heute. Aber das haben deine Chefs damals garantiert auch schon über dich und deine Generation gesagt.

Darüber kannst du jetzt jammern, oder du kannst den Wandel der Zeit akzeptieren und dich mal fragen: „Bin ich vielleicht in meinen Vorstellungen und Wegen zu festgefahren?"

NO 5

Du handelst nicht.

Im Vertrieb gibt es den schönen Spruch: Der Köder muss dem Fisch schmecken, und nicht dem Angler.

Und ich bin mir sicher, wenn es darum geht, neue Kunden zu finden, setzt du einiges in Bewegung: Du probierst neue Vertriebswege und Werbemaßnahmen aus, um potenzielle Kunden für dich zu begeistern. Du zeigst dein Unternehmen von der besten Seite und weißt zu überzeugen. Du passt die Vertriebsstrategie so lange an, bis sie funktioniert und die Kunden reinkommen.

Wo bleibt dieser Unternehmergeist bei der Personalsuche? Wenn du als Unternehmer hinter deinem Unternehmen, Produkt bzw. deiner Dienstleistung stehst, dann kannst du das nicht nur Kunden, sondern auch stolz neuen Mitarbeitenden zeigen und signalisieren: „Wir stellen hier etwas Großartiges auf die Beine, und du kannst ein Teil davon sein!"

Was hast du denn schon mal ausprobiert, um gute Leute zu finden? Welche Köder hältst du für diese Fische bereit? Hast du schon mal versucht, Bewerber so zu umgarnen, als wären sie zahlungskräftige Kunden?

No 6

Du machst kein Recruiting.

Bevor du jetzt zu einem „Ja, aber ..." ansetzt, lass mich eins klarstellen: Eine Stellenanzeige ist kein Recruiting.

In einer Zeit, in der es Mitarbeitende nicht mehr im Überfluss gibt, reicht es nicht aus, auf diversen Portalen eine Stellenanzeige zu schalten und auf Bewerber zu warten. Das ist viel zu wenig und vor allem faul und führungsschwach: Du gibst deine Verantwortung für die Bewerbersuche an die Stellenportale ab.

Würdest du die Verantwortung für deinen Vertrieb auch so outsourcen? Nur eine Agentur einen Produktflyer drucken lassen und dann erwarten, dass die Top-Kunden reinflattern? Als Vertriebler hoffe ich für dich, dass du da erfolgreichere Ansätze hast ...

Du merkst, worauf ich hinaus will: Es ist schlicht und einfach notwendig, eine gewisse Akquise und Werbung zu betreiben, um eine Stelle zu besetzen. Und zwar professionell und mit Plan, als Teil der Unternehmensstrategie.

REKRUTIEREN IST VERKAUFEN.

In meiner Personalvermittlung arbeiten wir häufig mit mittelständischen Betrieben zusammen, die bis zu 500 Mitarbeitende beschäftigen. Was meinst du, wie viele davon die Personalabteilung ausmachen? Meistens zwei, manchmal auch vier.

Zwei Personen, die für alle Personalbelange von 500 Mitarbeitenden zuständig sind – und dazu noch für alle potenziellen Bewerber. Diese Personalabteilungen kommen gar nicht dazu, Recruiting zu machen, weil sie allein durch die Personalverwaltung schon mehr als ausgelastet sind: Löhne abrechnen, Urlaube verwalten, Arbeitszeiten dokumentieren, Fortbildungen genehmigen und was sonst noch dazu gehört. Meistens sind sie auch noch für die Azubis verantwortlich und müssen sich außerdem noch mit Themen wie Gefahrenschutz, Schulungen und betrieblichem Gesundheitsmanagement auseinandersetzen.

Und dann kommt der Chef und sagt: „Ihr geht jetzt mal auf neue Talente zu." Klar, dass es dann im Bereich Recruiting nur dafür reicht, schnell eine Jobbeschreibung zusammenzuschustern und eine Stellenanzeige in ein Portal hochzuladen. Und dann zu hoffen, dass nicht zu viele Bewerbungen reinkommen – denn wann sollen die denn noch bearbeitet und beantwortet werden?

Das heißt nicht, dass diese Menschen einen schlechten Job machen – auf keinen Fall! Es heißt aber, dass die Personalgewinnung in den falschen Händen liegt. Denn diese Leute haben schon mehr als genug zu tun – und sind vor allem eher Verwaltungsmenschen.

Das Recruiting gehört jedoch in die Hände von Verkaufsmenschen – also Leute, die begeistern können, gerne auf Menschen zugehen und das Telefon nicht aus der Hand legen, bis sie jemanden gefunden haben, der sich für ihr Angebot interessiert. Wenn meine Kunden das einmal verstanden und umgesetzt haben, kommt in der Regel Bewegung in die Bewerbersuche – und damit ins ganze Unternehmen.

N° 7

Du fällst nicht auf.

Wenn ich einen Blick in die gängigen Stellenportale werfe, muss ich mir häufig das Gähnen verkneifen: Eine Anzeige ist langweiliger als die andere und nachdem ich drei davon gelesen habe, weiß ich schon nicht mehr, welche zu welchem Unternehmen gehört hat. Die Texte sind austauschbar und voll leerer Worthülsen.

Würdest du deinen Kunden dein Unternehmen auch so leblos präsentieren? Alles von der Konkurrenz abgucken und hoffen, dass sich jemand für die Inhalte interessiert? Oder bezahlst du Werbeagenturen dafür, dass dein Unternehmen raussticht, mit ungewohnten Bildern und Messages provoziert und neugierig macht?

Wenn du möchtest, dass Bewerber sich für dein Unternehmen begeistern, dann musst zuallererst du sie begeistern – und vor allem in Erinnerung bleiben. Menschen auf Jobsuche scrollen sich durch zig Anzeigen in der Stunde. Deine muss die sein, an die sie sich auch am nächsten Tag noch erinnern!

No 8

Du hast falsche Erwartungen.

„Berufseinsteiger gesucht! Aber bitte hochmotiviert, mit drei Jahren Berufserfahrung und verhandlungssicher in drei Fremdsprachen. Bitte senden Sie Ihre Bewerbungsunterlagen mit einem aussagekräftigen Anschreiben ausschließlich per Post."

Klingt auch total überzogen? Du wärst überrascht, wie häufig solche Anforderungen tatsächlich in Stellenanzeigen für Juniorpositionen auftauchen. Ich habe mehr als zehn Jahre Berufserfahrung im Vertrieb und als Geschäftsführer und selbst ich würde mich bei manchen Abteilungsleiterstellen nicht trauen, mich zu bewerben. Die Erwartungen sind so hoch und umfassend, dass niemand sie zu 100 % erfüllen kann.

Aus meiner Berufserfahrung weiß ich, dass Arbeitgeber in Stellenanzeigen gerne die eierlegende Wollmilchsau beschreiben, aber in Wirklichkeit auch bereit sind, Abstriche zu machen. Da reichen Grundkenntnisse in nur einer Fremdsprache doch aus, und Erfahrung ist eigentlich auch nicht so entscheidend. Aber das wissen ja die meisten (jungen) Bewerber nicht! Die schrecken vor solchen Erwartungen zurück und trauen sich gar nicht erst, es bei deinem Unternehmen zu versuchen.

Begeistert man so für sein Unternehmen und einen Job? Wohl eher nicht … Also: Schraub deine Erwartungen auf ein realistisches Niveau herunter und mach Interessenten damit Mut, sich bei dir zu bewerben. Wer weiß, vielleicht entdeckst du so ja auch das ein oder andere Überraschungstalent, mit dem du gar nicht gerechnet hättest.

BEWERBUNGEN DER EXTRAKLASSE

Luxus, Extravaganz und Service – dafür stehen die 5-Sterne-Hotels, die mich als Personalberater anheuern. Aber leider sind die Anforderungen, die sie an Bewerbungen stellen, mindestens genauso extravagant.

Da sitzt dann der Hotelmanager, ein Mann im Anzug und besten Alter, vor mir und klagt mir sein Leid: „Es gibt doch keine Leute mehr! Die Jobs in der

Hotellerie will ja heute keiner mehr machen, die Industrie kann nun mal viel mehr bezahlen. Da können wir ja gar nicht mithalten."

Auf solche Beschwerden kontere ich immer mit einer einfachen Frage: „Wie stellen Sie sich denn die Bewerber vor, die wir Ihnen vermitteln sollen? Was ist Ihnen besonders wichtig?"

Als Antwort höre ich dann selten von persönlichen Eigenschaften oder People Skills, die in der Hotellerie doch so wichtig sind. Stattdessen bekomme ich eine Liste an Formalitäten zur Bewerbung: ein ordentlicher Lebenslauf mit einem anständigen Bewerbungsfoto im Anzug; alle Zeugnisse seit dem Schulabschluss, und das bitte ordentlich in eine Mappe geheftet; nur Menschen ohne Lücken im Lebenslauf; und: „Keine Leute, die alle paar Jahre in einen anderen Job gewechselt sind, aber trotzdem schon in fünf anderen Hotels Erfahrungen gesammelt haben. Wir brauchen Leute mit Durchhaltevermögen!"

Alles klar, und die Bewerbung dann natürlich per Fax ...

NO 9
Du suchst
zu spät.

Im Vertrieb weiß man: Auch wenn die Auftragsbücher voll sind, müssen Werbung und Vertrieb weiterlaufen. Denn bis die ersten Neukunden anbeißen, werden schon wieder Kapazitäten frei sein.

Das Gleiche gilt für das Recruiting: Du solltest nicht erst dann mit der Bewerbersuche anfangen, wenn Stellen in absehbarer Zeit frei werden (beispielsweise durch Elternzeit oder Ruhestand). Eine so kurzfristige und punktuelle Suche ist keine strategische Lösung für dein Recruiting.

Stattdessen solltest du laufend einen Bewerberpool aufbauen und mit potenziellen Mitarbeitenden ins Gespräch kommen. Ist dein Unternehmen offen für Initiativbewerbungen? Fällst du insgesamt als spannender Arbeitgeber auf, beispielsweise auf Social Media?

Und falls du dir direkt wieder Sorgen machst, wie denn die Initiativbewerbungen verwaltet und beantwortet werden sollen, ist das ein weiteres Zeichen dafür, dass du ein echtes Recruiting-System aufbauen musst, statt dich nur auf der Arbeit von Stellenportalen auszuruhen.

Jetzt bist du dran!

In diesem Kapitel habe ich dich mit vielen Fragen konfrontiert, mit denen du dir selbst einmal ehrlich den Spiegel vorhalten kannst.

Falls du es beim Lesen noch nicht getan hast, nimm dir jetzt ein paar Minuten Zeit, um die Fragen zu beantworten. Du musst die Antworten niemandem zeigen, sie dienen nur deiner Selbstreflexion. Also: Sei ehrlich zu dir und schone dich nicht.

NO 1

BRAUCHE ICH WIRKLICH NEUE MITARBEITENDE?

→ *Wie wichtig sind Menschen für mein Unternehmen?*

→ *Wie sähe mein Laden aus, wenn morgen alle Mitarbeitenden weg wären?*

→ *Wie würde ich mich fühlen, wenn ich keine Mitarbeitenden mehr bräuchte?*

→ *Welche Prozesse könnte ich automatisieren und outsourcen, wenn ich keine Mitarbeitenden hätte oder finden könnte?*

NO 2

WEISS ICH MEINE MITARBEITENDEN ZU SCHÄTZEN?

→ *Welchen Beitrag leisten meine Mitarbeitenden zu meinen Zielen?*

→ *Wo würde mein Unternehmen ohne meine Mitarbeitenden stehen?*

→ *Wie zeige ich meinen Mitarbeitenden meine Dankbarkeit für ihren Beitrag?*

NO 3

BIN ICH EIN ATTRAKTIVER ARBEITGEBER?

→ *Was erzählen meine Mitarbeitenden Freunden und Familie über mein Unternehmen und ihren Job?*

→ *Bekommen andere auch Lust, für mich zu arbeiten, wenn sie diese Geschichten hören?*

NO 4

SUCHE ICH DIE SCHULD BEI ANDEREN?

→ *Wem oder was gebe ich die Schuld daran, dass ich keine Mitarbeitenden finde?*

→ *Was werfe ich den aktuellen potenziellen Bewerbern vor?*

→ *Was haben meine Chefs wohl mir als Berufsanfänger vorgeworfen?*

NO 5

HANDLE ICH SCHON ODER MECKERE ICH NUR?

→ *Was habe ich schon versucht, um gute Leute zu finden?*

→ *Welchen Köder würde ich auswerfen, wenn ich zahlende Kunden statt Mitarbeitende begeistern wollte?*

NO 6

MACHE ICH SCHON RECRUITING?

→ *Habe ich bisher die Verantwortung für die Bewerbersuche an Stellenportale abgegeben?*

→ *Welche Maßnahmen zum Recruiting haben wir sonst noch ausprobiert?*

→ *Sind in meinem Unternehmen die richtigen Leute für das Begeistern neuer Talente zuständig?*

NO 7

FÄLLT MEIN UNTERNEHMEN AUF?

→ *Wie unterscheiden sich unsere Stellenanzeigen von den Anzeigen der Konkurrenz?*

→ *Welche Inhalte in unseren Stellenanzeigen sind einzigartig?*

→ *Würden mir unsere Stellenanzeigen ins Auge fallen und in Erinnerung bleiben, wenn ich sie zwischen zig anderen sehen würde?*

NO 8

HABE ICH FALSCHE ERWARTUNGEN?

→ *Wie stelle ich mir unsere Bewerber vor?*

→ *Was ist mir bei Bewerbungen besonders wichtig?*

→ *Betreffen meine Erwartungen Formalitäten oder die menschliche und fachliche Eignung der Person?*

NO 9

BEGINNE ICH DIE SUCHE ZU SPÄT?

→ *Was ist in meiner Firma meistens der Anlass, um neue Mitarbeitende zu suchen?*

→ *Ist mein Unternehmen dauerhaft als potenzieller (und interessanter) Arbeitgeber sichtbar?*

→ *Fordern wir Menschen auf, Initiativbewerbungen zu schicken, und wie leicht machen wir ihnen diesen Prozess?*

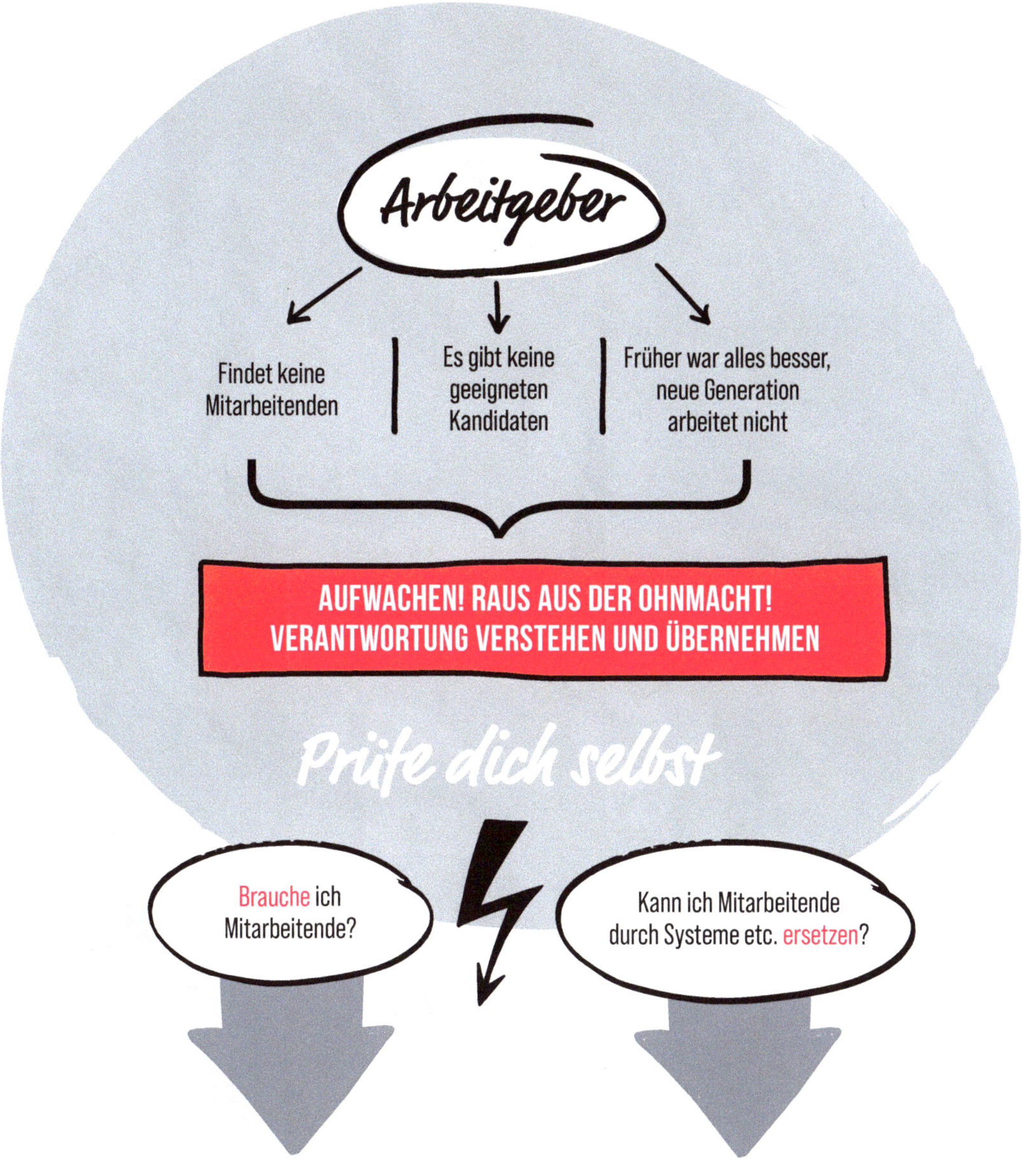

Übernimm Verantwortung, werde ein attraktiver Arbeitgeber und starte dein Recruiting richtig. Bring deinen Mitarbeitenden Wertschätzung entgegen!

Super. Hör auf dich zu beschweren und bau dein Unternehmen um!

Warum sollte jemand bei mir arbeiten?

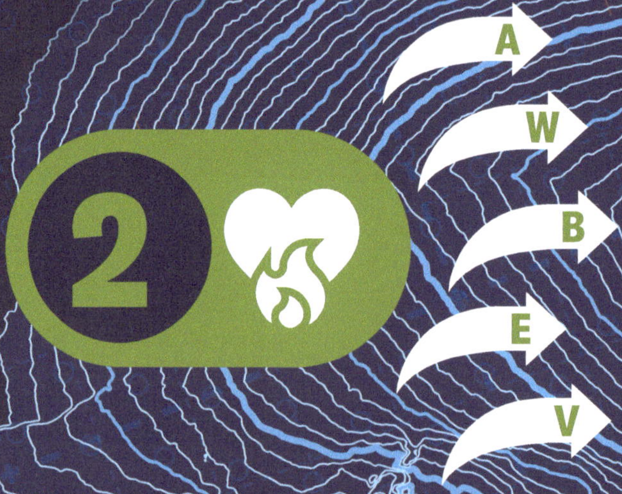

Im Dreck kriechen, salutieren, in der Kaserne leben: Wieso schafft es die Bundeswehr mit diesen Arbeitsbedingungen, Mitarbeitende zu finden, aber du nicht? Ich vermute mal, die Jobs in deinem Unternehmen sind körperlich nicht so anstrengend und deine Mitarbeitenden setzen für dein Unternehmen im Ernstfall nicht ihr Leben aufs Spiel.

Die Bundeswehr bezahlt nicht viel und die Arbeitsbedingungen sind nicht perfekt: Man ist viel unterwegs und der Job ist nicht besonders gut mit Familie und Hobbies vereinbar. Die Bezahlung wird von der Besoldungstabelle vorgegeben, und nicht an der persönlichen Leistung ausgerichtet. Und in der Gesellschaft ist ihr Image auch nicht das Beste. Also sollte sie doch eigentlich als unattraktiver Arbeitgeber gelten, oder?

Und trotzdem schaffen die Recruiter der Bundeswehr, Bewerber von sich zu überzeugen. Wie machen die das? Ganz einfach: Menschen kommen zur Bundeswehr, weil sie einem ehrenwerten, übergeordneten Ziel dienen wollen: Helfen und schützen – das ist (sehr vereinfacht) der übergeordnete Auftrag der Bundeswehr, mit dem sich die Bewerber und Mitarbeitenden identifizieren. So ging es auch mir, als ich meinen Wehrdienst freiwillig verlängert habe und anschließend parallel zum Aufbau meiner eigenen Firma weiter als Reservist bei der Bundeswehr diente. Denn die Identifikation mit diesen Werten wiegt alle Nachteile auf.

Diese Identifikation ist es auch, die mich motiviert hat, auch wenn die Arbeit während der anstrengenden Ausbildung teilweise körperlich und mental fordernd war. Was einen weitermachen lässt, sind die Werte, wegen derer man den Job mal angefangen hat. Für mich war ein wichtiger Wert der Bundeswehr die Kameradschaft: „Wer nicht mehr kann, der kriegt geholfen", sagte einer meine Kameraden immer. Ich konnte mich voll und ganz auf meinen Dienst fokussieren und konnte darauf vertrauen, dass die Bundeswehr sich im Ernstfall um mich kümmert und mich nicht hängen lässt.

Diese Art von Sicherheit und Werten suchen wir Menschen in unserem Leben und damit auch in unserem Job. Diese Erlebnisse von Kameradschaft und übergeordnetem Auftrag habe ich mir für meine Unternehmen abgeschaut: Ich werbe Menschen mit Sinn und Identifikation.

Ich habe mir klargemacht, was meine Werte sind und was mein Auftrag als Unternehmer ist. Und mit diesen Werten gehe ich heute nach draußen: Ich erzähle meinen Kunden davon – und auch meinen Bewerbern. Wenn wir eine neue Mitarbeiterin an Bord holen, dann sprechen wir im Bewerbungsgespräch nicht viel über unsere Unternehmensgeschichte und bisherigen Errungenschaften. Wir sprechen darüber, wofür wir stehen und was wir noch vorhaben. Wir tauschen uns dazu aus, ob unsere Werte zusammenpassen und wie diese Person sich in meiner Organisation entwickeln möchte.

Die Übung am Ende des vorherigen Kapitels hat dich hoffentlich ordentlich wachgerüttelt. Jetzt kommen wir ins Handeln und gehen deine Schwachstellen nach und nach an.

Dafür hole ich dich in diesem Kapitel endgültig aus deiner Opferrolle raus. Denn anstatt zu jammern: „Warum will niemand für mich arbeiten?", solltest du dich aktiv fragen: „Warum sollte jemand für mich arbeiten wollen?" Am Ende dieses Kapitels wirst du diese Frage hoffentlich beantworten können.

A

Weil du einen **AUFTRAG** hast.

Vielleicht gehörst du bisher zu den Arbeitgebern, die denken, dass Mitarbeitende dankbar dafür sein sollten, dass sie in deinem Unternehmen einen sicheren Job und ein nettes Arbeitsumfeld bekommen. Klar, das kann im ersten Moment der Grund sein, warum manche (sehr sicherheitsbedürftige) Menschen sich für einen Job bei dir entscheiden.

Wenn du aber möchtest, dass deine Mitarbeitenden voller Elan an deinem Unternehmen mitarbeiten, musst du sie begeistern und bewegen, nicht nur bezahlen. Denn was zählt, sind die inneren Werte: Was ist der Sinn und Auftrag deines Unternehmens? Was ist eure gemeinsame Mission?

Helfen und schützen – das ist wie gesagt der übergeordnete Auftrag der Bundeswehr, der mir damals wie heute klargemacht hat, dass meine Werte mit dieser Organisation zusammenpassen. Mein erster Job in einem Recycling-Unternehmen war weniger inspirierend. Mehr Auftrag als „Wir machen hier unseren Job, damit wir unser Gehalt bekommen" habe ich da nie gespürt. Darum hat mich da auch nichts mehr gehalten, als mir der Job zu langweilig und das Gehalt zu wenig wurde.

Heute berate ich unter anderem Luxushotels bei ihren Recruiting-Prozessen. Ein schickes Hotel, Luxus, prominente Klientel: Viele meiner Kunden denken, diese äußeren Umstände würden reichen, um Bewerber anzulocken. Aber es will einfach nicht klappen – bis wir von der Oberfläche weggehen und den Auftrag dieser Unternehmen definieren.

Stell dir mal vor, du wärst ein Bewerber: Welche Formulierung in einer Stellenanzeige würde dir eher Lust machen, für das Unternehmen zu arbeiten?

A

„Wir sind ein Hotel, in dem Menschen übernachten. Die Mitarbeitenden sollen freundlich und die Zimmer sauber sein."

Das ist faktisch richtig, aber total austauschbar und nicht inspirierend.

B

„Wir schaffen Luxusmomente, die wir für unsere Gäste erlebbar machen."

Das ist doch mal eine Ansage! So eine Aussage lockt Bewerber an, die wirklich Lust auf Hospitality haben.

Das Gleiche funktioniert natürlich auch für das Recycling-Unternehmen:

A

„Wir sind ein Recycling-Unternehmen, das Abfall sammelt und verarbeitet. Wir bemühen uns, effizient zu arbeiten und unseren Kunden einen guten Service zu bieten."

Gähn …

B

„Wir gestalten die Zukunft der Nachhaltigkeit. Unser Ziel ist es, eine Welt zu schaffen, in der kein Abfall mehr existiert – nur noch Wertstoffe. Jedes Teil, das wir umwandeln, ist ein Schritt hin zu einer saubereren, grüneren Erde."

Wer sagt da schon Nein?

Merkst du, wie der Auftrag dieser Unternehmen deine Neugier weckt? Und wie du automatisch abgleichst, ob das zu dir passt oder nicht? Wenn du Bewerber finden willst, die zum Erfolg deines Unternehmens beitragen, musst du deinen Auftrag so klar definieren – und natürlich auch kommunizieren.

Überleg mal, wie du mit potenziellen Kunden sprichst, wenn du sie von deiner Dienstleistung oder deinem Produkt überzeugen möchtest. Da erzählst du doch auch von deinen Visionen und von dem, was dich von der Konkurrenz abhebt. Warum sprichst du darüber also nicht auch mit deinen Mitarbeitenden und Bewerbern?

Weil du für deine **WERTE** einstehst.

Werte sorgen im menschlichen Miteinander für Orientierung und Sicherheit. Wenn wir die Werte unseres Gegenübers kennen, wissen wir, woran wir sind und was von uns erwartet wird. Und wenn wir diese Werte teilen, dann erzeugt das eine Verbundenheit, die die Zusammenarbeit stärkt.

Die Bundeswehr verbringt viel Zeit damit, Werte und Traditionen der Organisation zu vermitteln. Dafür gibt es Vorschriften, die die Basics regeln: Wie muss ich mich kleiden? Wen grüße ich wie? Wie spreche ich eine Person korrekt mit ihrem Dienstgrad an? Wie packe ich meinen Rucksack und wie räume ich meinen Spind ein?

Was für viele Zivilisten (und, wenn wir ehrlich sind, auch für Rekruten …) erst mal wirkt wie Bevormundung und Schikane, ist tatsächlich das Gegenteil. Klare Regeln und Werte geben allen Beteiligten die gleiche Chance auf Erfolg: Sie wissen immer, wie sie sich richtig verhalten, damit sie die Erwartungen der anderen nicht enttäuschen.

Wenn du für die Arbeit und das Miteinander in deiner Company klare Werte definierst, gibst du deinen Mitarbeitenden die Sicherheit und Freiheit, selbstständig Entscheidungen in deinem Sinne zu treffen.

Sagen wir mal, ein Wert von dir wäre, dem Kunden nichts aufzuschwatzen, was er nicht wirklich braucht. Und angenommen, du verkaufst Software-Lösungen. In einem Verkaufsgespräch kommt einer deiner Mitarbeiter an den Punkt, an dem eine Kundin gerne eine Software kaufen möchte, diese für ihre Bedürfnisse aber völlig überdimensioniert wäre.

Dann steht dein Mitarbeiter vor der Entscheidung:

- Verkauft er die überdimensionierte Lösung, erhöht deinen Umsatz und streicht die Provision ein?
- Oder berät er die Kundin ehrlich zu einer kleineren, günstigeren Lösung, die wirklich zu ihren Bedürfnissen passt?

Wenn er deine Werte kennt, wird er im Sinne der Kundin handeln und die günstigere Lösung verkaufen – und so langfristig eine vertrauensvolle Kundenbeziehung aufbauen.

Vielleicht entscheidet er sich aber auch dafür, der Kundin die unnötig große und teure Lösung zu verkaufen. Dahinter kann die egoistische Motivation einer höheren Provision stecken. Oder aber er denkt, er handelt in deinem Sinne, weil er so mehr Umsatz für dein Unternehmen generiert. Egal, was dahinter steckt: Die Situation ist ein guter Gesprächsanlass für den Austausch zu euren Werten. Das ist produktiver als Schimpfen und Sanktionieren. Nach einem klärenden Gespräch ist für den Mitarbeiter das nächste Mal klar, wie er anhand eurer gemeinsamen Werte im Sinne des Unternehmens handeln kann.

Es geht nicht darum, deinem Team für jede mögliche Situation eine Handlungsanleitung zu diktieren und dann zu schimpfen, wenn sich jemand nicht daran hält. Deine Mitarbeitenden sind Menschen, keine Algorithmen. Vielmehr geht es darum, dass du ihnen einen Kompass mitgibst, mit dem sie sich stets orientieren können.

Deine Werte solltest du schon im Bewerbungsgespräch thematisieren und die Bewerber fragen: „Kannst du dich damit identifizieren? Was muss passieren, damit du gerne zur Arbeit gehst?"

Ein Wert in meinem Unternehmen ist beispielsweise „Perspektive": Das bedeutet, dass wir unseren Mitarbeitenden eine Perspektive bieten wollen. Aber auch, dass sie sich selbst Perspektiven suchen und mit uns gemeinsam erreichen wollen. Ob die Bereitschaft dafür da ist, klopfen wir schon im Bewerbungsgespräch ab.

B

Weil du echte **BENEFITS** bietest.

„Kleine Geschenke erhalten die Freundschaft", das hat meine Oma immer gesagt. Und sie hatte recht: Mit Benefits zeigst du deinen Mitarbeitenden, was sie dir bedeuten.

Aber was sind Benefits überhaupt? Jobrad, ÖPNV-Monatskarte, bezahlte Weiterbildung? Das sind keine Benefits. Das sind nur gesetzlich vorgeschriebene Leistungen oder Gehaltsbestandteile eines Tarifvertrags. Ein Kickertisch, ein Obstkorb und ein Kaffeevollautomat im Co-Working-Space? Auch das sind keine Benefits.

Wenn ich von Benefits spreche, meine ich wirkliche Geschenke, die du deinen Mitarbeitenden machst, um ihnen echte Wertschätzung zu zeigen – und zwar ohne eine Gegenleistung zu erwarten!

Überleg dir mal, was du den Menschen in deinem Unternehmen anbieten könntest, damit sie sich bei der Arbeit wirklich wohl und wertgeschätzt fühlen. Das müssen nicht immer physische oder monetäre Geschenke sein. Ich gebe dir mal ein paar Beispiele aus meinen Unternehmen, vielleicht bringen die dich auf Ideen:

- **VERTRAUENSARBEITSZEIT:** Für mich ist es wichtig, dass meine Mitarbeitenden ihre Aufgaben erledigen, und nicht, dass sie nachweislich eine bestimmte Anzahl von Stunden für mich erreichbar am Schreibtisch saßen. Das macht es meinen Mitarbeitenden leichter, ihren Job mit Verpflichtungen zu kombinieren, die das Leben sonst noch mit sich bringt: Arzttermine, Kinder abholen, auf Handwerker warten. Das können sie mit Vertrauensarbeitszeit dann erledigen, wenn es für sie am besten passt. Wir haben im Team die Erfahrung gemacht, dass dadurch die Aufgaben in der Regel effizienter und besser erfüllt werden. Denn dann ist der Fokus ganz bei der Arbeit, da der Rest ja erledigt ist.
- **HUND IM BÜRO:** Wenn es niemanden stört, dürfen meine Mitarbeitenden ihren Hund mit ins Büro bringen. So fühlen sie sich wohl und müssen nicht in der Mittagspause oder nach Feierabend nach Hause hetzen, um den Hund zu füttern oder rauszulassen. Da bleibt mehr Zeit, sich mit dem Team auszutauschen oder am Ende des Tages noch eine Aufgabe zu Ende zu machen – auch wenn es mal etwas länger dauert.

- **MOBILES ARBEITEN:** Ein Tapetenwechsel tut uns allen mal gut. Und räumliche Unabhängigkeit ermöglicht mehr Flexibilität. Mails können auch im Praxiswartezimmer verschickt werden. Manchen kommen die besten Ideen nicht immer am Schreibtisch, sondern vielleicht auch mal im Lieblingscafé.
- **KIND MITBRINGEN:** Natürlich ist ein Büro kein Kindergarten. Aber es kann schon mal vorkommen, dass die Kita zuhat oder in den Sommerferien ein paar Tage die Betreuungslösung ausfällt. Wer dann sein Kind mit ins Büro bringen kann, muss keine Urlaubstage dafür aufwenden, sondern kann Job und Familie wirklich vereinen.
- **EINKAUFSRABATTE WEITERGEBEN:** Für mein Catering-Unternehmen habe ich bei vielen Händlern gute Rabatte ausgehandelt. Diese gebe ich an mein Personal weiter – es arbeitet schließlich genauso mit den Kunden zusammen wie ich.
- **EQUIPMENT ZUR PRIVATNUTZUNG LEIHEN:** Für mich liegt nahe, dass ich den Mitarbeitenden meiner Catering-Firma auch mal unseren Grill, Gläser oder anderes Equipment für ihre privaten Events ausleihe – natürlich nur, solange es nicht zur gleichen Zeit für einen Kundenauftrag gebraucht wird.

Ich gebe zu: Wir haben auch einen Kickertisch im Büro. Wir haben sogar eine voll ausgestattete Bar. Aber anders als die meisten Start-ups verkaufen wir das unseren Mitarbeitenden nicht als „Benefits". Denn das sind einfach Möbelstücke, an denen viele informelle Meetings und Team-Building stattfinden.

Weil du **ENTWICKLUNG** ermöglichst.

„Wir bieten umfangreiche Weiterbildungs- und Entwicklungsmöglichkeiten in einem dynamischen Umfeld." Das ist so eine klassische Phrase aus einer Stellenanzeige, die dir vielleicht auch bekannt vorkommt. Aber mal ehrlich: Wie oft steckt da wirklich etwas dahinter? Das ist vielleicht alle paar Jahre mal eine Fortbildung, wenn sie von den Mitarbeitenden aktiv eingefordert wird.

Entwicklung, das sollte mehr sein als eine Worthülse in deinen Stellenanzeigen. Entwicklung ist der Kern von dem, was dein Unternehmen zukunftsfähig macht. Und hier spreche ich nicht nur von der Entwicklung deines Unternehmens, sondern vor allem von der Entwicklung jeder einzelnen Person in deinem Unternehmen.

Warum? Weil deine Mitarbeitenden die Zukunft deines Unternehmens sind. Dein Laden wächst und verändert sich – darum müssen deine Leute das auch tun. Um deine Firma zukunftsfähig zu halten, ist es deine Aufgabe als Führungskraft, das Potenzial jeder einzelnen Person zu erkennen und zu fördern.

In kleinen Unternehmen ist es noch machbar, dass du dich persönlich mit allen Teammitgliedern zusammensetzt und individuelle Entwicklungspläne schmiedest. In größeren Firmen braucht man dafür ein strukturiertes Talent-Management. Aber egal, wie groß dein Unternehmen ist, das Prinzip bleibt dasselbe: Du musst deinen Leuten zeigen, dass du sie wahrnimmst und an ihrer Entwicklung interessiert bist.

Entwicklungsangebote können dabei vielfältig sein: Das reicht von einfachen Dingen wie Podcasts und Fachartikeln, die ihr euch gegenseitig empfehlt, bis hin zu spezialisierten Lehrgängen und definierten Laufbahnen. Und das muss nicht immer teuer sein. Manchmal reicht es schon, wenn du deinen Mitarbeitenden Zeit und Raum gibst, um sich weiterzubilden.

Aber vergiss das Wichtigste nicht: Entwicklung ist individuell. Jeder Mensch hat eigene Stärken, Interessen und Entwicklungswünsche. Deine Aufgabe als Führungskraft ist es, diese zu erkennen und zu unterstützen. Bring deine Mitarbeitenden dazu, eigene Ideen für ihre Weiterentwicklung einzubringen. Denn nichts ist ein stärkerer Erfolgsgarant als das eigene Interesse und die intrinsische Motivation, besser zu werden.

Nichtstun in diesem Bereich ist fatal: Wenn du die Entwicklung deiner Mitarbeitenden vernachlässigst, wirst du bald beobachten, wie sie – und letztendlich auch dein Unternehmen – stagnieren. Mitarbeitende, die sich nicht weiterentwickeln können, verlieren die Motivation. Sie resignieren. Und ein Unternehmen voll resignierter Leute? Das ist ein sinkendes Schiff.

Mach also die Vision für die Entwicklung deiner Mitarbeitenden zu einem zentralen Thema deiner Unternehmenskultur. Und sprich am besten schon im Bewerbungsgespräch darüber: Zeig potenziellen Kandidaten, dass sie bei dir nicht nur einen Job, sondern eine Perspektive haben. Denn in deinem Unternehmen ist jede einzelne Person wichtig und wird gebraucht. Zeig, dass du das nicht nur sagst, sondern auch lebst.

Weil du ein **VORBILD** bist.

Führung ist mehr als nur eine formale Position. Führung bedeutet, deinen Auftrag und deine Werte nicht nur zu definieren und zu kommunizieren, sondern sie auch jeden Tag selbst zu leben. Dein Verhalten setzt schließlich den Standard, an dem sich alle in deinem Team messen.

Hier ein einfaches Beispiel: Stell dir vor, du betonst immer wieder den Wert von Pünktlichkeit und Zuverlässigkeit. Aber dann kommst du regelmäßig zu spät zu Meetings und lässt Deadlines verstreichen. Was denkst du, welchen Eindruck das bei deinen Mitarbeitenden hinterlässt? Richtig, deine Glaubwürdigkeit leidet und das Vertrauen in deine Führung wird untergraben. Außerdem wirst du schnell merken, dass auch deine Mitarbeitenden den Werten Pünktlichkeit und Zuverlässigkeit weniger Bedeutung beimessen.

Große Versprechungen machen, die nach der Einstellung nicht eingehalten werden – das ist auch ein typischer Fehler, den ich bei meinen Kunden im Recruiting beobachte. Sowas ist nicht nur frustrierend für neue Angestellte, sondern kann auch schnell zu einer Unternehmenskultur führen, in der Misstrauen und Zynismus herrschen.

Es geht nicht nur darum, schlechte Beispiele zu vermeiden. Als Vorbild kannst du auch nachhaltig begeistern. Du kannst die Geschäftsführerin sein, die nicht nur von Innovation spricht, sondern auch regelmäßig neue Ideen einbringt und Mitarbeitende ermutigt, das Gleiche zu tun. Oder du bist der Abteilungsleiter, der konsequent fair und respektvoll mit jedem im Team umgeht – egal unter welchem Druck. Solche Führungskräfte inspirieren ihre Teams dazu, über sich hinauszuwachsen.

Das hat auch einen positiven Effekt auf dein Recruiting: Wenn du als echtes Vorbild agierst, werden deine Mitarbeitenden zu Botschaftern deiner Unternehmenskultur. Sie sind dann nicht nur zufrieden und motiviert, sondern bringen dir auch neue Talente ins Haus – weil sie wissen, dass es sich lohnt, für dich und mit dir zu arbeiten.

Das gilt natürlich auch umgekehrt: Was meinst du, welche Geschichten deine Mitarbeitenden im Bekanntenkreis von einem Chef erzählen, der sich nicht an seine eigenen Vorgaben hält?

Auch vor den potenziellen Kandidaten solltest du bereits im Vorstellungsgespräch authentisch auftreten. Das bedeutet, ehrlich über Herausforderungen zu sprechen und realistische Einblicke in den Arbeitsalltag zu geben. So schaffst du von Anfang an eine Vertrauensbasis und kannst eure gemeinsamen Werte abtasten.

Denk daran: Deine Rolle als Vorbild ist eine Chance. Du kannst damit nicht nur dein Unternehmen formen, sondern auch die Menschen darin positiv beeinflussen. Lass diese Chance nicht ungenutzt!

Jetzt bist du dran!

In diesem Kapitel habe ich dir viele Argumente dafür gegeben, warum jemand für dich arbeiten sollte. Jetzt liegt es an dir, diese Argumente mit Leben zu füllen.

Auf den folgenden Seiten erarbeitest du deinen Auftrag und die Werte, für die du mit deinem Unternehmen stehst. Danach machst du dir Gedanken zu Benefits und Entwicklungsmöglichkeiten und reflektierst deine Rolle als Vorbild.

Mein Tipp: Nimm dir ausreichend Zeit für diese entscheidende Grundlagenarbeit, die dein Recruiting und dein Unternehmen verändern wird!

AUFTRAG

Erarbeite deinen klaren, überzeugenden Unternehmensauftrag, der als Leitstern für deine Mitarbeitenden dient.

SCHRITT 1: BRAINSTORMING

Fang an, indem du aus dem Bauch heraus folgende Fragen beantwortest:

→ *Was ist die **Kernmission** meines Unternehmens?*

→ *Was will ich in meiner Branche verändern oder verbessern?*

→ *Welchen **Mehrwert** biete ich meinen Kunden?*

→ *Was macht mein Unternehmen einzigartig?*

→ *Welche langfristigen **Ziele** habe ich für mein Unternehmen?*

Tipp: Sei so offen und kreativ wie möglich. Es gibt in dieser Phase keine falschen Antworten.

SCHRITT 2: EINGRENZEN UND FOKUSSIEREN

Sieh dir deine Antworten an und versuche, die Essenz deiner Gedanken in wenigen Sätzen herauszukristallisieren.

Diese Fragen können dir dabei helfen:

→ *Welche Themen kommen immer wieder vor?*

→ *Gibt es einen roten Faden, der sich durch meine Antworten zieht?*

SCHRITT 3: FORMULIERE DEINEN AUFTRAG

Jetzt fasst du deinen Auftrag in Worte!

Nutze zuerst die folgende Formel, um deinen Unternehmensauftrag knackig zu formulieren:

„Unser Auftrag ist es,

____

____

indem wir

____

______________________________."

Den langen Auftrag lesen Bewerber so oder so ähnlich auch bei deiner Konkurrenz. Du brauchst darum einen knackigen Slogan, der auffällt, im Kopf bleibt und Emotionen weckt.

Finde darum einen griffigen Claim oder auch Hashtag für diesen Auftrag:

#

Hier ein Beispiel von meinem Unternehmen:

Auftrag: ***„Unser Auftrag ist es,*** Menschen in Jobs zu bringen, die sie wirklich cool finden, indem wir Arbeitgebern helfen, attraktive Jobs zu schaffen."

#WeMakeWorkSexy

Hier sind ein paar andere Beispiele, die mit dieser Formel erstellt wurden:

Reisebüro: ***„Unser Auftrag ist es,*** die Art und Weise, wie Menschen reisen, zu revolutionieren, indem wir nachhaltige Reiselösungen anbieten, die einen positiven Beitrag für die Umwelt und unsere Kunden leisten."

#MehrAlsKofferPacken

Dachdeckerunternehmen: ***„Unser Auftrag ist es,*** langlebige und qualitativ hochwertige Dachlösungen zu bieten, die das Zuhause unserer Kunden schützen und verschönern, indem wir traditionelle Handwerkskunst mit modernen Techniken verbinden."

#DächerFürsLeben

Werkzeughersteller: ***„Unser Auftrag ist es,*** robuste und präzise Werkzeuge zu fertigen, die Handwerksprofis und Heimwerker bei ihrer Arbeit unterstützen und deren Effizienz und Sicherheit erhöhen."

#DeinProjektUnserePräzision

Pflegedienst: ***„Unser Auftrag ist es,*** empathische und professionelle Pflegedienste anzubieten, die das Wohlbefinden und die Lebensqualität unserer Klienten verbessern und gleichzeitig ihren Familien Sicherheit und Unterstützung bieten."

#HelfenMitHerz

WERTE

Identifiziere die Kernwerte, die dich und dein Unternehmen leiten und prägen.

SCHRITT 1: WERTE ERKUNDEN

→ *Starte wieder mit einem Brainstorming: Schreib alle Werte auf, die dir spontan in den Sinn kommen.*

→ *Hol dir jetzt weitere Inspiration: Schau folgende Liste mit Werten durch – vielleicht spricht dich da etwas an, was beim Brainstorming noch nicht aufkam?*

→ *Markiere die Werte, die auf dich zutreffen. Dabei musst du dich nicht auf eine bestimmte Anzahl begrenzen.*

ACHTSAMKEIT
AGILITÄT
ANPASSUNGSFÄHIGKEIT
AUTHENTIZITÄT
BEGEISTERUNGSFÄHIGKEIT
BELASTBARKEIT
BESCHEIDENHEIT
DANKBARKEIT
DISZIPLIN
DIVERSITÄT
EHRGEIZ
EHRLICHKEIT
EIGENINITIATIVE
EMPATHIE
ENGAGEMENT
ENTSCHLOSSENHEIT
FAIRNESS
FLEXIBILITÄT
FREIHEIT
FRIEDFERTIGKEIT
FÜRSORGLICHKEIT
GEDULD
GELASSENHEIT
GERECHTIGKEIT
GEWISSENHAFTIGKEIT
GLAUBWÜRDIGKEIT
GROSSZÜGIGKEIT
HARTNÄCKIGKEIT
HILFSBEREITSCHAFT
HÖFLICHKEIT
HUMOR
INNOVATIONSGEIST
INTEGRITÄT
INTELLIGENZ
KLARHEIT
KOMPROMISSBEREITSCHAFT
KREATIVITÄT
LEIDENSCHAFT
LERNBEREITSCHAFT
LOYALITÄT
MITGEFÜHL
MOTIVATION
MUT
NACHHALTIGKEIT
NEUGIER
OFFENHEIT
OPTIMISMUS
ORDNUNGSSINN
PÜNKTLICHKEIT
PROFESSIONALITÄT
RESPEKT
RÜCKSICHTNAHME
SELBSTBEWUSSTSEIN
SELBSTKONTROLLE
TEAMGEIST
TOLERANZ
TRANSPARENZ
ÜBERZEUGUNGSKRAFT
VERANTWORTUNGSBEWUSSTSEIN
ZUVERLÄSSIGKEIT

SCHRITT 2: KERNWERTE HERAUSKRISTALLISIEREN

→ *Wähle 5 Werte aus, die du besonders relevant findest.*

1. ______________________________

2. ______________________________

3. ______________________________

4. ______________________________

5. ______________________________

TIPP

Falls es dir schwerfällt, dich auf fünf Werte zu beschränken, kann dir folgende Übung helfen: Vergleiche die Werte miteinander, indem du sie gegeneinander abwägst. Stelle dir dabei die Frage: „Was hat für mich eine höhere Priorität?"

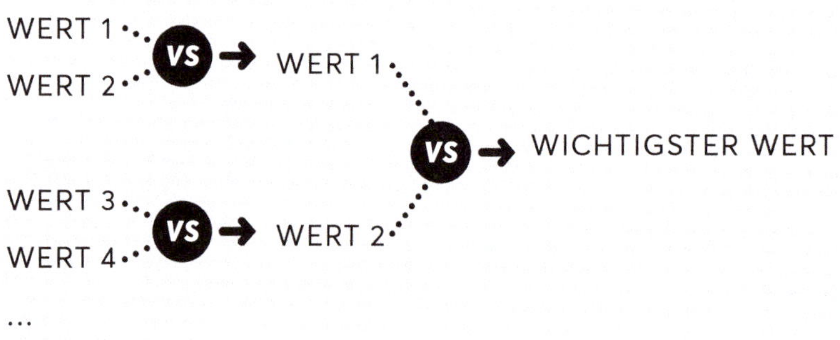

SCHRITT 3: WERTE BESCHREIBEN

→ *Schreibe für jeden Wert auf, was er für dich genau bedeutet und wie dieser Wert bei dir im Unternehmen gelebt werden sollte.*

1.

2.

3.

4.

5.

Lass das Ergebnis dieser Übung ein paar Tage auf dich wirken. Vielleicht schaust du morgen noch mal drauf und merkst, dass es sich noch nicht richtig anfühlt. Dann arbeite weiter daran! Die Übung soll dir nur eine Hilfe sein, deine Gedanken zu strukturieren und deine Werte zu finden. Du könntest auch in einer zweiten Runde ein paar Teammitglieder dazuholen und ihr identifiziert gemeinsam die Werte, die in eurem Unternehmen schon gelebt werden.

BENEFITS

Überleg dir individuelle Benefits, die du deinen Mitarbeitenden anbieten könntest. Denk dran: Es geht hier um mehr als gesetzlich oder tariflich vorgeschriebene Leistungen oder Gratiskaffee.

SCHRITT 1: IDEEN SAMMELN

→ *Lass dir für jede Kategorie ein paar Benefits einfallen.*

→ *Ignorier dabei zunächst die Machbarkeit und die Kosten. Überleg dir, welche Geschenke du deinen Mitarbeitenden machen würdest, wenn du könnest.*

Diese Fragen können dir helfen:

→ *Was würde das Leben meiner Angestellten einfacher machen?*

→ *Welche Fähigkeiten und Kompetenzen könnten meine Mitarbeitenden weiterentwickeln wollen?*

→ *Mit welchen Herausforderungen im Bereich Work-Life-Balance haben meine Mitarbeitenden vielleicht zu kämpfen?*

→ *Wie könnte ich das körperliche und geistige Wohlbefinden meiner Leute fördern?*

→ *Welche Benefits, von denen ich selbst profitiere, könnte ich vielleicht weitergeben?*

Wenn dir nichts einfällt, frag doch mal die Führungskräfte oder deine Mitarbeitenden an der Basis. Da kommen manchmal ganz einfache und praxisnahe Ideen bei rum, auf die du selbst gar nicht gekommen wärst.

Persönliche und berufliche Entwicklung	Work-Life-Balance und Flexibilität	Gesundheit und Wohlbefinden	Andere Ideen

SCHRITT 2: BENEFITS ANBIETEN

ÜBERPRÜFE DEINE BRAINSTORMING-LISTE:

Sieh dir die Liste der Benefits, die du im Brainstorming entwickelt hast, noch einmal an.

WÄHLE MACHBARE IDEEN AUS:

Identifiziere die Ideen, die schnell und mit geringem finanziellen Aufwand umgesetzt werden können. Konzentriere dich dabei auf Benefits, die einen sofortigen positiven Effekt auf das Arbeitsumfeld haben.

MACHBARKEITSANALYSE:

Überleg dir für jede ausgewählte Idee:

- → *Wie schnell lässt sich die Idee umsetzen?*
- → *Welche Ressourcen (z. B. Zeit, Geld, Personal) sind dafür notwendig?*
- → *Gibt es mögliche Hindernisse bei der Umsetzung und wie könnten diese überwunden werden?*

Wenn sich bei der Analyse herausstellt, dass deine Ideen grundsätzlich machbar sind, geh nicht direkt in die Umsetzung, sondern sprich erst mit deinen Leuten darüber!

KOMMUNIKATION MIT DEN MITARBEITENDEN:

Stell die ausgewählten Benefits den Mitarbeitenden vor und bitte sie um Feedback:

- → *Würden euch diese Benefits das Leben erleichtern?*
- → *Welche anderen Benefits würdet ihr euch wünschen?*

SCHRITT 3: BENEFITS EINFÜHREN

→ *Erst wenn du mit deinem Team geklärt hast, ob die Benefits sie ansprechen, leitest du die Umsetzung in die Wege.*

→ *Halte die Benefits auch schriftlich fest und ermutige deine Mitarbeitenden, sie in Anspruch zu nehmen.*

→ *Nach ein paar Monaten könnt ihr gemeinsam reflektieren, wie die Benefits ankommen und was ihr vielleicht noch optimieren könntet – oder auch, ob etwas wieder abgeschafft werden soll.*

ENTWICKLUNG

Reflektiere über die bestehenden Entwicklungsmöglichkeiten in deinem Unternehmen und plane konkrete Maßnahmen zur Förderung der Mitarbeiterentwicklung.

SCHRITT 1: BESTANDSAUFNAHME

Welche Entwicklungsmöglichkeiten bietest du bisher in deinem Unternehmen an?

→ *Mach eine Liste aller bestehenden Angebote und Programme, die deinen Mitarbeitenden helfen, sich beruflich und persönlich weiterzuentwickeln.*

SCHRITT 2: ENTWICKLUNGSZIELE DEFINIEREN

Bei welchen Mitarbeitenden oder Teams siehst du besonderes Entwicklungspotenzial? Welche Entwicklung würdest du dir von ihnen wünschen?

→ *Notiere spezifische Entwicklungswünsche oder -ziele für bestimmte Mitarbeitende oder Teams.*

SCHRITT 3: UNTERSTÜTZUNGSMÖGLICHKEITEN DEFINIEREN

Wie kannst du deine Angestellten bei der gewünschten Entwicklung unterstützen?

→ *Erstelle einen Plan, wie du die identifizierten Entwicklungsmöglichkeiten unterstützen kannst, z. B. durch Fortbildungen, Mentoring, neue Projekte oder zusätzliche Verantwortlichkeiten.*

SCHRITT 4: KONKRETE HANDLUNGSSCHRITTE PLANEN

Für kleinere Unternehmen: Wähle eine spezifische Mitarbeiterin aus und mach ein Entwicklungsgespräch aus, in dem ihr über ihre beruflichen Ziele und mögliche Unterstützungsmaßnahmen sprecht.

Für größere Unternehmen: Bitte deine Führungskräfte und Teamleiter, mit ihren Teams Entwicklungsziele zu besprechen und individuelle Entwicklungspläne zu erstellen.

VORBILD

Wirf einen ehrlichen Blick in den Spiegel und prüfe, ob du als Führungskraft deine eigenen Werte im Arbeitsalltag lebst und wo du dich noch verbessern kannst.

- → *Sieh dir noch einmal die Liste mit deinen Kernwerten an, die du weiter vorne im Kapitel erarbeitet hast.*
- → *Finde für jeden Wert ein konkretes Beispiel, wie du diesen Wert in deinem beruflichen Alltag bereits gelebt hast.*
- → *Überleg dir nun zu jedem Wert ein Beispiel, bei dem du gegen diesen Wert verstoßen oder ihn vernachlässigt hast.*

Nobody is perfect! Mit dieser kleinen Übung kannst du dich regelmäßig dazu anhalten, deine Vorbildrolle ernst zu nehmen. Du kannst sie ja mal eine Woche lang am Ende des Tages durchführen und schauen, wie sich deine Selbstwahrnehmung und das Commitment zu deinen Werten verbessern.

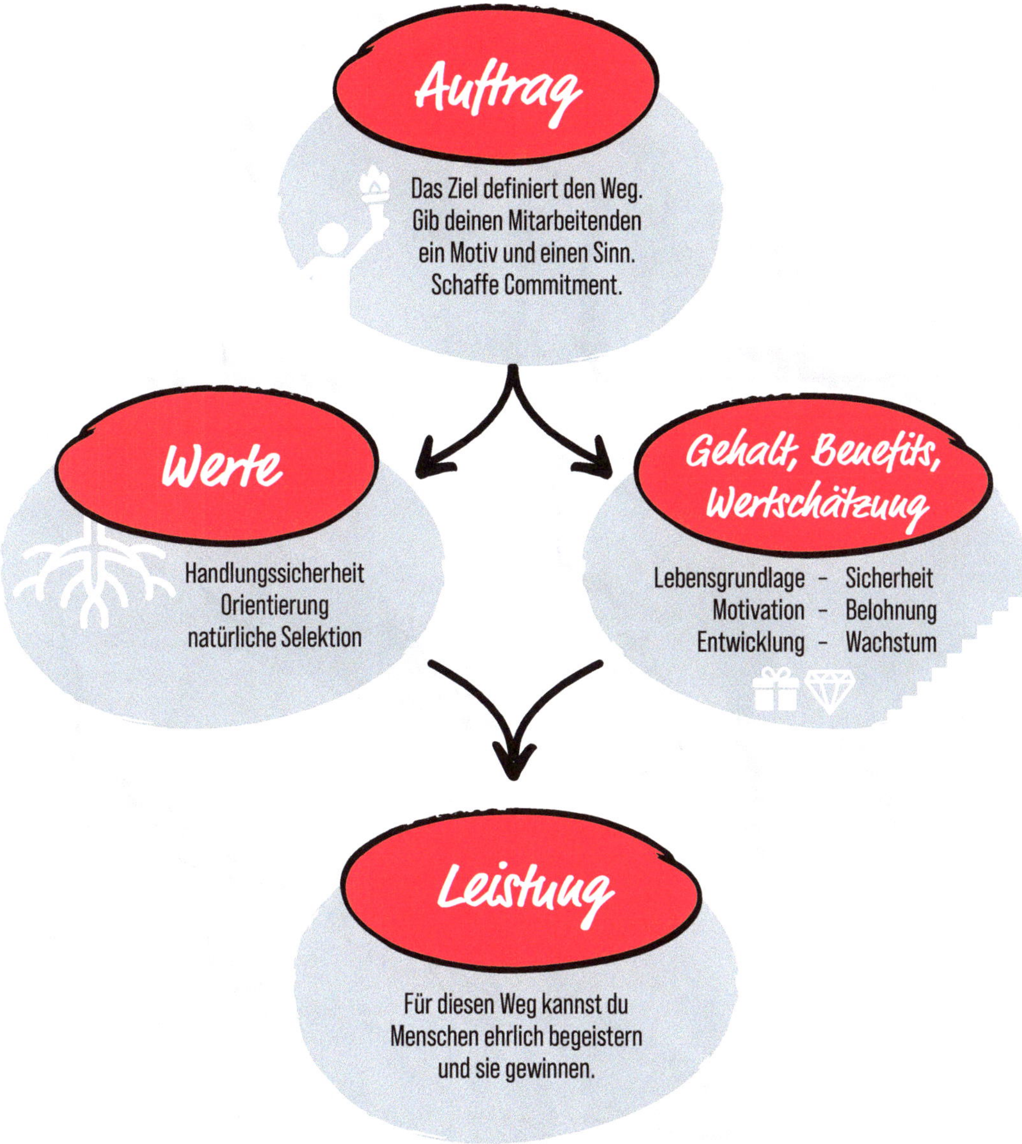
Auftrag
Das Ziel definiert den Weg. Gib deinen Mitarbeitenden ein Motiv und einen Sinn. Schaffe Commitment.
Werte
Handlungssicherheit
Orientierung
natürliche Selektion
Gehalt, Benefits, Wertschätzung
Lebensgrundlage - Sicherheit
Motivation - Belohnung
Entwicklung - Wachstum
Leistung
Für diesen Weg kannst du Menschen ehrlich begeistern und sie gewinnen.

Wie finde ich Mitarbeiter, die zu meinem Unternehmen passen?

3

Es begann alles mit einem spontanen Entschluss, der mein Leben veränderte. An dem Tag, als ich meinen Job gekündigt habe, empfand ich zuerst eine Mischung aus Stolz und Panik. Stolz, weil ich den Mut hatte, „Nein" zu sagen. Panik, weil die Miete bezahlt werden musste. Wie man das so macht, meldete ich mich zuerst bei der Agentur für Arbeit – nur, um ganz schnell festzustellen, dass ich keine Lust auf bürokratische Hürden und Wartelisten hatte. „Ich bin ein erwachsener Mann, ich kann für mich selbst sorgen", dachte ich mir und verließ das Amt erst mal ohne konkreten Plan.

Wieder zu Hause angekommen, kam die Erkenntnis: „Warum mache ich nicht einfach das, was mir wirklich Spaß macht?" Ich hatte schon immer nebenbei als Barkeeper gearbeitet, einfach aus Freude an der Sache. Ich hatte keine formelle Ausbildung in der Gastronomie – nur eine Begeisterung für Cocktails und einen einwöchigen Kurs an einer Barschule, bezahlt von der Bundeswehr nach meiner Dienstzeit. Aber das reichte aus, um loszulegen.

Von da an entschied ich mich, mein Leben und meine Karriere um das herum aufzubauen, was mir Spaß macht. Der Weg, der folgte, war dann alles andere als konventionell. Anfangs lebte ich ein Leben, das man eher in Filmen sieht: aufstehen, Sport, abends in einer Bar arbeiten und mit Gästen schäkern. Am nächsten Tag wieder von vorne. Ich war umgeben von Menschen, die feiern wollen und Freude am Genuss haben. Direktes Feedback von Gästen und der Spaß an meiner Arbeit gaben mir einen unglaublichen Schub.

Aber dann begann ich zu träumen. Was, wenn ich aus meiner Leidenschaft nicht nur ein bezahltes Hobby, sondern ein echtes Geschäft machen könnte? Ich fing mit einem Cocktail-Service an und erweiterte mein Angebot Schritt für Schritt um Kaffee, Zigarren und Spirituosen. Ich sah, was in der Catering- und Eventbranche fehlte, und entschied mich, es besser zu machen. Qualität statt Quantität war mein Motto. Ich fragte nicht: „Wie kann ich es so billig wie möglich einkaufen und so teuer wie möglich weiterverkaufen?", sondern: „Wie kann ich das beste Genusserlebnis für meine Kundschaft schaffen?"

Daraus entstand zuerst mein Catering- und später dann mein Beratungsunternehmen – nicht aufgrund einer vertieften Ausbildung oder jahrelanger Erfahrung, sondern durch Leidenschaft, Mut und den Willen, Dinge anders zu machen.

Diese Geschichte zeigt, dass Erfolg nicht immer auf traditionellen Wegen entsteht. Für dich als Unternehmer ist dabei die Kernbotschaft: Tritt potenziellen Bewerbern offen gegenüber. Es geht darum, Menschen zu finden, die sich mit den Werten und dem Auftrag deines Unternehmens identifizieren können – Menschen, die Lust haben, etwas beizutragen, unabhängig von einem perfekten Lebenslauf.

In diesem Kapitel wird es genau darum gehen: wie du Mitarbeitende findest, die zu deinem Unternehmen passen. Nicht aufgrund von bloßen Formalitäten, sondern dank gemeinsamer Werte und Leidenschaft. Denn am Ende ist es diese gemeinsame Vision, die dein Unternehmen wirklich voranbringt.

REKRUTIERE MIT ZIELEN UND WERTEN.

Mein Weg in die Gastronomie-branche, gestartet ohne formelle Ausbildung, aber mit einer brennenden Leidenschaft für Cocktails, zeigt: Erfolgreiches Recruiting hängt nicht nur von formellen Qualifikationen und Berufserfahrung ab. Entscheidend ist vielmehr die Identifikation mit den Werten des Unternehmens und die Bereitschaft, sich weiterzuentwickeln.

Fangen wir mal mit deiner Stellenanzeige an. So eine Anzeige ist deine Chance, Menschen nicht nur zu informieren, sondern sie für dein Unternehmen zu begeistern. Was macht deine Firma einzigartig? Welche spannenden Herausforderungen und Chancen bietet sie? Du hast nur begrenzten Platz in einer Anzeige – nutze also jede Zeile, um zu begeistern, statt zu langweilen. Es geht darum, deine Vision und die Ziele deines Unternehmens in den Vordergrund zu stellen. Mach deutlich, wie ihr gemeinsam etwas Großes erreichen könnt.

Dabei ist es entscheidend, mutig und authentisch zu sein. Wenn dein Unternehmen für Luxus steht, dann kommuniziere das klar und deutlich. Ein klar definiertes Ziel wirkt wie ein Filter, der die richtigen Bewerber anzieht und die unpassenden fernhält. Du sparst wertvolle Zeit, indem du nur mit denjenigen sprichst, die wirklich interessiert sind und sich mit deinen Zielen identifizieren können.

Es ist ähnlich wie beim Dating: Wenn man jemanden kennenlernt, der sagt: „Ich habe eigentlich nichts Großes mehr vor im Leben", wirkt das nicht besonders attraktiv. Im Recruiting ist es genauso. Deine zukünftigen Mitarbeitenden suchen einen Platz, an dem sie wachsen, sich entfalten und zu etwas Besonderem beitragen können – sie wollen von dir auf eine Reise mitgenommen werden – und nicht in Stabilität und Stillstand versauern.

Also: Beim Recruiting geht es nicht nur darum, eine Stelle zu besetzen. Es geht darum, eine Verbindung zwischen den Werten deines Unternehmens und den persönlichen Zielen der Mitarbeitenden zu schaffen. Wenn du das hinbekommst, findest du nicht nur Angestellte, sondern Mitstreiter auf dem Weg zu einem gemeinsamen Ziel.

SUCH NACH MENSCHEN, NICHT NACH JOBPROFILEN.

Im Kern geht es darum, sich klarzumachen, welchen Typ Mensch du suchst. Deine Stellenanzeige sollte so gestaltet sein, dass sie genau die Menschen anspricht, die du in deinem Unternehmen haben möchtest. Es geht nicht darum, eine allgemeine Jobbeschreibung herunterzuschreiben: Eine Köchin weiß, dass kochen zu ihren Aufgaben gehört, das muss sie nicht erst in deiner Stellenanzeige nachlesen. Stattdessen ist es entscheidend, die Aspekte hervorzuheben, die den Job in deinem Unternehmen einzigartig machen.

FOKUS AUF DAS BESONDERE

In deiner Anzeige solltest du dich auf die spezifischen Aufgaben und Merkmale konzentrieren, die bei der Position in deinem Unternehmen anders sind als bei anderen. Das allgemeingültige Herunterbeten von Aufgabenlisten ist reine Platzverschwendung. Was macht den Job bei dir besonders? Was unterscheidet deine Firma von anderen? Das sind die Punkte, die du in den Vordergrund rücken solltest.

Stell dir vor, du suchst einen Koch. Da schreibst du nicht rein, dass er kochen soll. Du erzählst von der kreativen Küche, die ihr entwickelt, von den exotischen Zutaten, mit denen er experimentieren kann. Oder suchst du eine Ingenieurin? Dann vergiss die selbstverständlichen Tätigkeiten. Erzähle lieber von den innovativen Projekten, an denen sie arbeiten wird, von den neuen Technologielösungen, die sie bei dir entwickeln kann.

DER JOBTITEL ALS SUCHBEGRIFF

Nimm den Jobtitel in die Anzeige auf – aber nur als Suchbegriff im Titel der Anzeige, damit potenzielle Bewerber die Stelle überhaupt finden können. Der eigentliche Inhalt der Anzeige sollte sich darauf konzentrieren, warum sich jemand bei dir – und nicht bei der Konkurrenz – bewerben sollte. Hier geht es um die Darstellung deiner Unternehmenswerte und -ziele.

FORMELLE QUALIFIKATIONEN UND ANFORDERUNGEN

Natürlich gibt es Positionen, für die eine formelle Ausbildung erforderlich ist: Typische Beispiele sind Ärztin und Anwalt. In solchen Fällen solltest du die erforderliche Ausbildung als Anforderung nennen. Aber liste danach nicht die allgemeinen Tätigkeiten und Fähigkeiten auf, die Teil dieser Ausbildung sind – das ist überflüssig. Wer die Ausbildung hat, weiß das. Wer die Ausbildung nicht hat, kommt für die Stelle eh nicht in Frage.

MEIN ANSATZ: EINE ANZEIGE FÜR ALLE JOBS

In meinen eigenen Anzeigen halte ich es einfach: Der Titel ändert sich je nach ausgeschriebener Position, aber der Inhalt bleibt gleich. In der Anzeige sprechen wir von unseren Werten, Zielen und was uns als Unternehmen ausmacht. Wir fordern Menschen auf, sich zu bewerben, wenn sie sich für das begeistern können, wofür wir stehen. So ziehen wir genau die Personen an, die zu uns passen: diejenigen, die nicht nur einen Job suchen, sondern eine Mission.

Ein Personaler hat ca. 5 Minuten Zeit, um sich eine Bewerbung anzuschauen. Da bleibt eh keine Zeit, Anschreiben und Zeugnisse im Detail zu lesen.

BEGEISTERE, STATT ZU INFORMIEREN.

Ich kenne deine Stellenanzeigen nicht, aber ich würde wetten, dass da sehr viel über dein Unternehmen drin steht: wer ihr seid, wie lange es euch schon gibt, wie viele Mitarbeitenden an wie vielen Standorten ihr habt … Das ist ja schön und gut, aber wenn das bisher nicht so richtig fruchtet, solltest du vielleicht mal einen anderen Ansatz ausprobieren.

VISIONEN UND ZIELE IN DEN VORDERGRUND

Verzichte darauf, in Stellenanzeigen einen langen Ausflug in die Firmengeschichte zu machen. Ja, du hast schon viel erreicht, aber du suchst ja Mitarbeitende für zukünftige Erfolge. Sprich über das, was vor euch liegt, nicht über das, was bereits hinter euch liegt. Deine potenziellen Mitarbeitenden wollen wissen, wohin die Reise geht und wie sie Teil dieser Zukunft sein können.

ECHTE BENEFITS HERVORHEBEN

Es ist wichtig, die echten Benefits und Leistungsmerkmale deines Unternehmens klar herauszustellen. Denk dran: Benefits sind mehr als nur gesetzliche oder tarifliche Leistungen. Sie sind das Besondere, das Extra, das du deinen Mitarbeitenden bietest. Ob flexible Arbeitszeiten, kreative Freiheiten, außergewöhnliche Teamevents oder herausragende Möglichkeiten zur persönlichen Weiterentwicklung – das sind die Punkte, die wirklich Interesse wecken.

HOL DIR EXPERTISE AUS DEM EIGENEN HAUS

Wenn es um das Wecken von Interesse geht, können Werber oder Vertriebler aus deinem eigenen Unternehmen wertvolle Einblicke geben. Sie wissen, wie man die Aufmerksamkeit von Menschen erregt und ihr Interesse weckt. Nutze dieses Know-how, um deine Stellenanzeigen so ansprechend und überzeugend wie möglich zu gestalten.

FÜHRE GESPRÄCHE, STATT LEBENSLÄUFE ZU ANALYSIEREN.

Wahrscheinlich stelle ich jetzt deine Recruiting-Abläufe auf den Kopf, aber es ist nun mal so: Gespräche sind immer besser als die Analyse von Bewerbungsunterlagen.

Sicher, eine gut geschriebene Bewerbung kann dir einiges über einen Bewerber verraten. Aber was, wenn diese perfekt formulierte Bewerbung in Wahrheit mit viel Unterstützung einer Bekannten entstanden ist, die sich super gut damit auskennt? Auf dem Papier wirst du nicht merken, dass der Bewerber im Gespräch keinen geraden Satz herausbringt und dir nicht in die Augen schauen kann. Und noch wichtiger: Du erkennst nicht, was für ein charmanter und einnehmender Mensch ein Bewerber ist, von dem du nur einen tabellarischen Lebenslauf vor Augen hast.

Denk dran: Du suchst nach Menschen, nicht nach professionellen Lebenslauf-Schreibern. Die soziale Komponente ist entscheidend. In einem persönlichen Gespräch kannst du viel besser spüren, ob die Chemie stimmt. Du erfährst, ob eine Bewerberin wirklich hinter deinem Unternehmensauftrag steht oder ob sie nur gekonnt leere Floskeln in ihr Anschreiben gesetzt hat.

Was auch viele Unternehmer vergessen: Du hast auch nicht gelernt, wie man professionell Bewerber sucht und findet. Warum erwartest du aber von deinen Bewerbern, dass sie Bewerbungen schreiben, als wäre es ihr Hauptberuf? Bleiben wir mal fair und realistisch: Das wahre Talent eines Menschen zeigt sich nicht in der Art und Weise, wie er seine Berufserfahrung auflistet, sondern in seiner Persönlichkeit, seinen Ideen und seiner Einstellung.

Beim Bewerbungsprozess geht es darum, echte Gespräche zu führen, um echte Menschen kennenzulernen. Das ist der Schlüssel, um Mitarbeitende zu finden, die nicht nur auf dem Papier glänzen, sondern auch in der realen Welt einen Beitrag in deinem Unternehmen leisten können.

MACH ES DEN LEUTEN EINFACH, MIT DIR INS GESPRÄCH ZU KOMMEN.

Stell dir vor, deine Anzeige hat gerade das Interesse deines Traum-Mitarbeiters geweckt. Er will sich bewerben – und hat dann aber gerade keine Zeit, alle Dokumente zusammenzustellen, auf deiner Plattform hochzuladen, sich einen Account anzulegen und dann noch ein zusätzliches Lebenslaufformular auszufüllen. Da fällt sein Blick auf einen ähnlichen Job bei der Konkurrenz und den Button „Jetzt mit 1 Klick bewerben". Was meinst du, wo er sich bewirbt? Chance vertan …

Sieh deine Bewerber nicht mehr als Bittsteller, sondern roll ihnen den roten Teppich aus: Mach es so einfach wie möglich, mit dir in Kontakt zu treten. Vergiss die Anforderung eines „vollständigen Lebenslaufs" oder eines „Motivationsschreibens". Das sind Hürden, die oft mehr abschrecken als helfen. Stell stattdessen ein einfaches Kontaktformular bereit, in das man nur Name und E-Mail-Adresse eintragen muss und das man mit einem Klick abschickt, um Interesse an der Stelle zu bekunden.

Stell dir vor, wie viel einfacher und einladender dieser Prozess für die Bewerber ist! Im Gegensatz zu den endlosen Bewerbungsformularen und starren Anforderungen anderer Unternehmen gibst du ihnen die Freiheit, unkompliziert und direkt mit dir in Kontakt zu treten. Deine Personalabteilung meldet sich dann zeitnah, um ein erstes Kennenlerngespräch auszumachen.

Das ist ein enorm wichtiger Vorsprung, den du dadurch gewinnst: Während deine Konkurrenz noch damit beschäftigt ist, Bewerbungsmappen abzuspeichern, bist du bereits im persönlichen Gespräch mit deinen potenziellen neuen Mitarbeitenden.

Ich denke, meine Botschaft ist klar: Zeig echtes Interesse an deinen Bewerbern als Menschen. Es geht nicht nur um das, was auf dem Papier steht, sondern auch um die Person dahinter. Durch schnelle und unkomplizierte Kontaktwege zeigst du, dass du innovativ, menschlich und persönlich agierst. Allein damit hast du bei Bewerbern schon einen ersten Stein im Brett.

GEH NEUE WEGE.

In einer Zeit, in der die meisten Menschen überall und jederzeit erreichbar sind, tun sich viele neue Wege auf, um die richtigen Mitarbeitenden zu finden. Nutze diese Chance: Platziere nicht einfach eine Stellenanzeige auf den üblichen Portalen, sondern sprich deine idealen Bewerber da an, wo sie sich eh schon rumtreiben.

LINKEDIN – DEIN DIREKTER DRAHT ZU TALENTEN

Die sozialen Medien bieten eine Fülle von Möglichkeiten, um potenzielle Kandidaten anzusprechen und zu begeistern. Auf Plattformen wie LinkedIn kannst du proaktiv Kontakt mit interessanten Menschen aufnehmen. Das Schöne ist: Du kannst über Nachrichten direkt ins Gespräch kommen und über ihre Posts und Aktivitäten mehr über die Menschen erfahren, die für dein Unternehmen interessant sein könnten.

INSTAGRAM UND CO. – EMOTIONAL UND VISUELL ANSPRECHEN

Instagram, Facebook und andere Plattformen bieten dir die Chance, dein Unternehmen und eure Kultur auf eine emotionale, visuelle Weise zu präsentieren. Nutze Bilder, Videos und Stories, um mehr Aufmerksamkeit zu erregen, als es eine schwarz-weiße, textlastige Stellenanzeige je könnte. Durch die Messenger-Funktionen dieser Plattformen kannst du außerdem die Hemmschwelle für eine Kontaktaufnahme drastisch senken. Fordere die Leute auf, einfach und unkompliziert über diese Kanäle mit dir Kontakt aufzunehmen.

KONTINUIERLICHE PRÄSENZ UND BEZIEHUNGSAUFBAU

Das Geheimnis des Erfolgs auf Social Media liegt in der kontinuierlichen Präsenz und im Aufbau von Beziehungen. Es reicht nicht, nur dann aktiv zu werden, wenn du akut auf Bewerbersuche bist. Vielmehr solltest du laufend präsent sein, um potenzielle Kandidaten zu deinen Followern zu machen und mit ihnen ins Gespräch zu kommen. Auf dieser Beziehungsbasis kannst du dann aufbauen, wenn eine passende Stelle zu besetzen ist. Bei deinen Kunden machst du es ja genauso: Du baust eine Beziehung auf, bevor du verkaufst. Wende diese Strategie auch im Recruiting an.

LERNE VON DEINEM VERTRIEB

Dein Vertriebsteam ist eine Goldgrube für Ideen, wie man Menschen für dein Unternehmen begeistert. Sie wissen, wie man Interesse weckt und Beziehungen aufbaut – nutze dieses Wissen, um die besten Talente für dein Unternehmen zu gewinnen.

Jetzt bist du dran!

In diesem Kapitel hast du viele Denkanstöße für die Überarbeitung deiner Stellenanzeigen bekommen. Nun geht es darum, diese in die Tat umzusetzen!

1. Mach dir klar, was für einen Typ Mensch du suchst. Wie sähe die ideale Person auf der Position aus? Schreib alles auf! Das wird natürlich nicht 1:1 so in der Stellenanzeige auftauchen, aber du solltest dir klar machen, was du suchst.
2. Überleg dir, wo sich diese Personen online rumtreiben und mach dort in Zukunft gezielt auf dein Unternehmen aufmerksam.
3. Schreib auf, welche Aufgaben diese Person erledigen soll. Streich dann alles weg, was für diesen Job selbstverständlich ist. Was dann noch übrig bleibt, ist das Spezielle, wieso die Person bei dir diesen Job machen will, und nicht woanders.
4. Es bleibt nichts übrig? Dann überleg noch mal und arbeite heraus, was den Job in deinem Unternehmen anders macht als bei der Konkurrenz.
5. Geh noch mal zurück zu deiner Grundlagenarbeit: Werte, Auftrag, Benefits. Hast du alles für die Stellenanzeige vorbereitet?
6. Formuliere ein Ziel: Was willst du mit der Person erreichen, die du suchst?
7. Bau jetzt eine neue Stellenanzeige nach dem Muster wie rechts beschrieben auf.

Für besonders Mutige: Probier mal meine bewährte minimale Stellenanzeige aus. Füge in diesem Beispiel deine Werte etc. ein und stelle die Anzeige online. Dann schau mal, was passiert …

Locken
Bewerber ansprechen und aufwühlen

Industriekaufmann | -frau (m/w/d)

Dir sind Werte wichtig und die handelsüblichen Benefits langweilen dich?

Du bist gerade nicht wirklich glücklich und weißt nicht, welches Unternehmen zu dir passen könnte?

Filtern
Leute herausfiltern, die zu deinen Werten passen.

Stillstand passt nicht zu dir, denn du bist ein Macher. Du brauchst einen Sinn, den du gerade nicht findest? **Deine NEUE Laufbahn gestalten wir gemeinsam.**

Auftrag
Auftrag vorstellen

Wir haben es uns zur Aufgabe gemacht, **DEINEN** nächsten **Job** wieder **sexy** zu gestalten. *#WeMakeWorkSexy*

Wie kann Arbeit sexy sein?

- Spaß an Werten
- Moralischer Kompass, der ausschlägt
- Emotionale Bindung an dein Unternehmen
- Perspektive, die dich fördert
- Teamgeist mit einer Hands-On-Mentalität

Werte-abgleich
Werte aufführen

Slogan
Auftrag kurz und knapp als Slogan formulieren

#WeMakeWorkSexy

Das, was du liest, gefällt dir! Aber irgendwie hast du keine Ahnung, worum es geht? Super!

Sei mutig und schreib uns oder ruf an!
Sven freut sich auf den Kontakt zu dir.

Kontakt
Direkt und unverbindlich zum Erstkontakt aufrufen – ohne aufwendige Bewerbung

Talentpool aufbauen
Zu Initiativbewerbungen aufrufen

Wir fördern Chancen und den Mut, etwas zu wagen. Wenn es nicht diese Stelle ist, finden wir wahrscheinlich doch das Passende für dich. Denn wir haben auch viele Stellen, die nicht ausgeschrieben sind.

NUTZE GERNE DIESE VORLAGE …

Wie integriere ich Mitarbeiter ins Unternehmen?

Als Recruiter erlebe ich es immer wieder: Unternehmen rufen mich verärgert an, weil ein von mir vermittelter Kandidat bereits nach ein paar Wochen das Handtuch geworfen hat. Die Schuld suchen sie dann bei mir – dem Recruiter, der ihnen angeblich ein „faules Ei" ins Nest gelegt hat. Oder sie schieben alles auf den Bewerber, der angeblich unmotiviert und undankbar ist. Diesen Kunden fallen immer viele Gründe ein, warum der Mitarbeiter sie verlassen hat – aber ihr eigenes Verhalten steht nie auf der Liste.

In solchen Fällen frage ich dann immer erst mal nach dem Onboarding-Prozess: Wie wurde der neue Mitarbeiter eingeführt? Hatte er klare Anweisungen und eine strukturierte Einarbeitung? Meistens blicke ich dann in betretene und ratlose Gesichter.

Wenn ich dann ein kleines Exit-Interview mit diesem kurzzeitig Beschäftigten führe, erkenne ich meist ein frustrierendes und chaotisches Bild: Der neue Mitarbeiter sollte ohne Anleitung und Begleitung ab Tag 1 den Job seiner Vorgängerin nahtlos übernehmen. In vielen Fällen stapelten sich dazu noch die unerledigten Aufgaben von dieser Vorgängerin auf seinem Schreibtisch ...

Mitarbeitende, die eine neue Stelle schnell wieder verlassen, berichten fast immer von einer Überlastung mit Aufgaben, ohne jegliche Einarbeitung oder Unterstützung. Die Erwartungen, die im Bewerbungsgespräch und in der Stellenanzeige geweckt wurden, waren weit entfernt von dem, was sie in den ersten Arbeitswochen vorfanden.

Wenn ich sowas höre, möchte ich den Arbeitgebern eine einfache Frage stellen: „Wie würdest du dich fühlen, wenn deine erste Arbeitswoche so aussehen würde? Wie passt das zu den Erwartungen, die du via Stellenanzeige und Bewerbungsgespräch kommuniziert hast?"

Als Antwort ernte ich meistens betretenes Schweigen.

In diesem Kapitel zeige ich dir, worauf es beim Onboarding von neuen Mitarbeitenden ankommt. Denn ein gut strukturierter Onboarding-Prozess ist das A und O: Er gibt neuen Beschäftigten das Gefühl, Teil von etwas Besonderem zu sein, und ermöglicht es ihnen, schnell und effektiv im Unternehmen anzukommen und zu arbeiten. Wer hier spart, spart am falschen Ende.

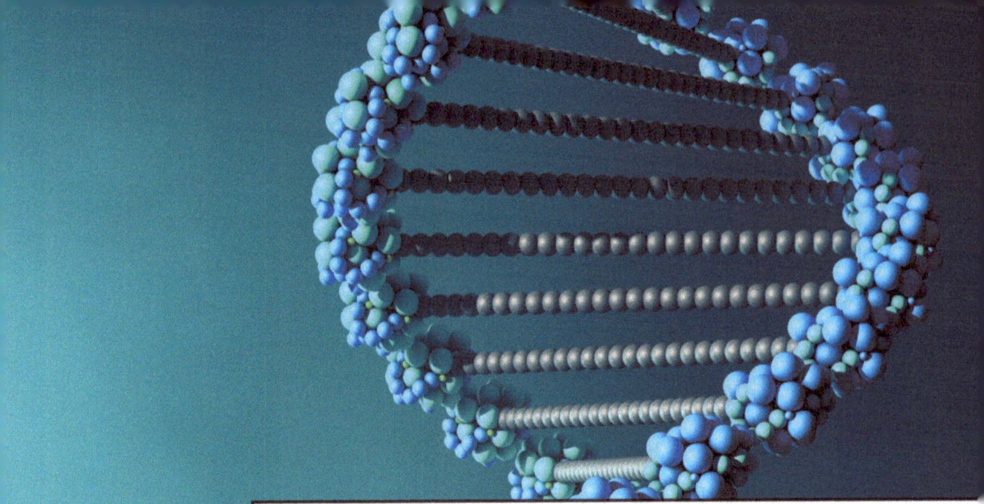

Mach den Start für alle einfach.

Eine gutes Onboarding legt den Grundstein für einen erfolgreichen Start in deinem Unternehmen. Das habe ich in meiner Zeit als Soldat und Ausbilder bei der Bundeswehr gelernt. Denn dort durchläuft jeder Rekrut die gleiche Grundausbildung, unabhängig von seiner späteren Rolle. Diese Erfahrung hat meine Sichtweise auf das Onboarding in der zivilen Arbeitswelt stark geprägt.

In der Bundeswehr wird jedem Rekruten in den ersten Wochen beigebracht, wie man die Uniform trägt, den Spind einräumt, und wie man sich formell richtig verhält. Diese Grundausbildung ist mehr als nur das Erlernen von Fertigkeiten, es ist eine Einführung in eine völlig neue Welt mit eigenen Regeln und Normen. Die neuen Soldaten lernen nicht nur, was zu tun ist, sondern verstehen auch, warum es auf diese eine bestimmte Weise getan wird. Das Warum hinter jeder Regel ist entscheidend – darum tragen die Ausbilder die Verantwortung dafür, dass die Soldaten nicht nur Befehle befolgen, sondern auch die Werte und das übergeordnete Ziel verstehen, das dahinter steht.

Die Grundausbildung ist mehr als nur Training, sie dient vor allem als Vorbereitung auf den Einsatz in den Einheiten. Ohne diese Ausbildung wären die Soldaten nicht in der Lage, ihre Rolle effektiv zu erfüllen. Mit dieser Ausbildung wissen sie jederzeit, was in welcher Situation von ihnen erwartet wird und wie sie sich zu verhalten haben. Das gibt den Soldaten selbst Sicherheit und sorgt gleichzeitig für reibungslose Abläufe im Team.

Meine eigenen Erfahrungen als Ausbilder bei der Bundeswehr haben mir gezeigt, wie wichtig Verständnis und gute Führung für den Erfolg in der Ausbildung sind. Diese Erkenntnisse habe ich für meine Unternehmen in die zivile Arbeitswelt übertragen. Natürlich ist in den meisten Unternehmen keine dreimonatige Grundausbildung erforderlich, aber ein gut strukturierter Onboarding-Prozess ist trotzdem wichtig.

Die sorgfältige Planung und Vorbereitung des Onboardings, die Bereitstellung klarer Anweisungen und Informationen sowie die persönliche Begrüßung und Einführung sind entscheidend, um neuen Mitarbeitenden einen guten Start zu ermöglichen.

Wenn es um das Eingliedern neuer Kollegen geht, kannst du dir bestimmt noch einiges von den strukturierten Verfahren der Bundeswehr abschauen.

Etabliere standardisierte Abläufe.

Ein effektives Onboarding beginnt mit strukturierten und standardisierten Prozessen. Diese Prozesse sind das Fundament, auf dem neue Mitarbeitende ihr Verständnis für das Unternehmen und ihre Rolle darin aufbauen.

Ein gut durchdachtes Onboarding-Programm sorgt dafür, dass alle neuen Angestellten die gleiche qualitativ hochwertige Einführung in das Unternehmen erhalten, unabhängig von der Abteilung oder Position. Und das fängt schon mit dem Vorstellungsgespräch an!

Hier sind ein paar Beispiele dafür, welche Prozesse du standardisieren solltest, um neuen Mitarbeitenden einen geschmeidigen Start in deinem Unternehmen zu ermöglichen:

DAS VORSTELLUNGSGESPRÄCH (UND DIE TAGE DANACH)

Das Vorstellungsgespräch ist immer auch ein Verkaufsgespräch. Darum kannst du dir hier einiges von deinen Vertrieblern abgucken: Die lassen einen Kunden nach dem ersten Gespräch auch nicht vom Haken, damit er mal „in Ruhe nachdenken und sich dann melden" kann. Nein: Hier wird ein Termin ausgemacht, an dem der Vertriebler sich noch mal proaktiv meldet, mögliche Widerstände auflöst und der Kunde eine Entscheidung trifft. Etabliere so einen Ablauf auch für deine Bewerbungsgespräche! So erhöhst du die Wahrscheinlichkeit, dass die Person sich für dein Unternehmen entscheidet.

DIE VERTRAGSUNTERZEICHNUNG

Ein besonderer Moment, der oft unterschätzt wird, ist die Vertragsunterzeichnung. Diesen Moment sollte man feiern, um den neuen Mitarbeitenden zu zeigen, dass sie willkommen sind. Das ist eine so einfache Chance, deine Wertschätzung auszudrücken und ein gutes Bauchgefühl zu erzeugen. Mit einem meiner Kunden in der Hotellerie habe ich folgendes Ritual etabliert: Er lädt neue Teammitglieder zum Vertragsabschluss ins hauseigene Restaurant ein und stößt mit einem Glas Champagner auf die Zusammenarbeit an. Oder ein Autohändler lädt seine neuen Azubis zur Vertragsunterzeichnung in seinen Showroom ein und stellt ihnen dann die neuen Modelle vor. Egal, wie du es machst, und auch wenn es nur eine Apfelschorle in eurem Konferenzraum ist: Was zählt, ist die Geste und der besondere Moment. So etwas bleibt in Erinnerung und nimmt deinem neuen Mitarbeiter dazu noch die Angst vor dem ersten Arbeitstag.

DER ERSTE ARBEITSTAG

Am ersten Arbeitstag sollte nichts dem Zufall überlassen werden. Ein fester Ansprechpartner, der die neue Mitarbeiterin am Eingang begrüßt und ihr die ersten Schritte im Unternehmen zeigt, ist für die Neue Gold wert. Es geht darum, dass sich die neue Kollegin willkommen und wertgeschätzt fühlt. An diesem Tag sollte der Neuankömmling keinen Moment das Gefühl haben, überflüssig zu sein oder zu stören. Das neue Teammitglied sollte mit einem guten Gefühl nach Hause gehen und am nächsten Tag mit Vorfreude wiederkommen.

DER ARBEITSPLATZ

Zu einem erfolgreichen ersten Arbeitstag gehört auch ein vorbereiteter Arbeitsplatz. Klingt vielleicht banal, aber du glaubst nicht, wie häufig neue Mitarbeitende am ersten Tag im Unternehmen ankommen und niemand hat daran gedacht, einen Arbeitsplatz vorzubereiten und bei der IT die nötigen Accounts und Zugänge einrichten zu lassen.

Was gibt das für ein Gefühl? „Ich bin hier nicht wichtig, niemand interessiert sich für mich. Dann kann ich ja auch wieder gehen." Und manche machen das dann auch!

Also: Etabliere einen Standard, wer wann und wie den Arbeitsplatz für einen neuen Kollegen vorbereitet. Das kann von einem eingerichteten Schreibtisch, über einen Spind bis hin zu einer Arbeitskleidung mit dem Namen des Mitarbeiters reichen.

DER TAGESABLAUF

Jemand wie du, der schon ewig im Unternehmen arbeitet, macht sich keine Gedanken mehr darüber, wann die beste Zeit für die Kantine ist, wo man den leckersten Kaffee bekommt und wo das wöchentliche Team-Meeting stattfindet. Für neue Mitarbeitenden ist das aber alles Neuland! Und in den meisten Fällen finden sie solche weichen Fakten erst über Wochen heraus, indem sie andere Teammitglieder fragen oder versuchen, durch Beobachten Schlüsse zu ziehen. Das ist doch total stressig! Mach es neuen Mitarbeitenden leicht, indem du ihnen für die erste Woche einen Tagesablauf vorgibst. Das gibt ihnen Struktur und gibt immer das Gefühl, zur richtigen Zeit am richtigen Ort zu sein.

DER WOCHENPLAN

Stell dir vor, es ist dein erster Tag im Unternehmen, jemand hat dir deinen Arbeitsplatz gezeigt und jetzt sitzt du da und weißt nicht wirklich, was du tun sollst. Du machst mal hier was, mal da was, stellst deinen Kollegen ein paar Fragen und hoffst auf das Beste. Wäre es nicht großartig, wenn du einen Plan hättest, der dir für die nächsten Wochen genau sagt, was du alles erledigen kannst, um Unternehmen, Team und Job rundum kennenzulernen?

Als Chef kannst du deinen neuen Mitarbeitenden genau das liefern: einen Wochenplan. Darin ist dein strukturiertes Onboarding-Programm festgehalten. Der Wochenplan ist mehr als nur eine To-do-Liste. Er ist ein strukturiertes Tool, das der neuen Mitarbeiterin zeigt, was sie lernen soll, und in welcher Reihenfolge. Statt sie ins kalte Wasser zu werfen, gibst du ihr eine Landkarte an die Hand, die sie durch die ersten Wochen im Unternehmen führt.

Außerdem hilft der Wochenplan dir und deinem Team dabei, nichts Wichtiges zu übersehen. Es ist eine super Gelegenheit, sicherzustellen, dass die neue Kollegin nicht nur die technischen Aspekte ihrer Arbeit versteht, sondern auch die Kultur und Werte deines Unternehmens kennenlernt.

Kurz gesagt, ein durchdachter Wochenplan im Onboarding-Prozess erleichtert nicht nur die Integration neuer Mitarbeitender, sondern trägt auf allen Seiten zu langfristigem Erfolg und Zufriedenheit bei.

Neben praktischen Informationen solltest du im Rahmen des Onboardings auch einen Weg finden, um immer wieder die Werte und den Auftrag eures Unternehmens zu thematisieren.

DIE MENSCHEN

Mach es neuen Teammitgliedern leicht, andere Menschen im Unternehmen kennenzulernen. Besonders solche, die sie unbedingt kennen sollten und mit denen sie in Zukunft Schnittstellen haben werden. Ein gutes Tool dafür ist ein Laufzettel: Erstelle eine Liste mit den Personen, die dein neuer Mitarbeiter innerhalb der ersten vier Wochen kennenlernen sollte, inklusive Telefonnummer und E-Mail-Adresse. Es ist dann die Aufgabe des Mitarbeiters, kurze Treffen mit diesen Personen zu vereinbaren, um sich persönlich kennenzulernen und Einblicke in die Abteilung und Tätigkeit dieser Person zu bekommen.

Natürlich müssen die Gesprächspartner auch über diesen Standard informiert sein und wissen, dass sie sich die Zeit für das Kennenlernen des neuen Mitarbeiters nehmen sollten und was bei diesem Treffen von ihnen erwartet wird. Im besten Fall haben sie sogar eine Präsentation in der Schublade, mit der sie sich und ihre Abteilung allen Neuankömmlingen vorstellen können.

Für einen reibungslosen Ablauf solltet ihr auch direkt eine Person bestimmen, die diese Vorstellung übernehmen kann, wenn der primäre Ansprechpartner mal nicht da ist.

Ein einmaliges, aber gründliches Onboarding spart allen Beteiligten mittelfristig Zeit und Nerven. Ein Neuling, der von Anfang an richtig eingearbeitet wird, kann schneller seine volle Leistung im Unternehmen bringen. Natürlich ist es erst einmal aufwendig, Onboarding-Prozesse zu standardisieren und alle Beteiligten zu schulen. Aber der Invest ist es auf jeden Fall wert: Es würde langfristig mehr Zeit und Ressourcen kosten, wenn sich das neue Teammitglied alles nebenbei selbst erarbeiten müsste. Außerdem kannst du so Fehler vermeiden, die durch mangelnde Anleitung entstehen. Die verzögern den Prozess und könnten das Unternehmen und auch die neuen Mitarbeitenden zurückwerfen.

Sorge für Sicherheit durch klare Kommunikation.

Sicherheit ist eines der grundlegenden Bedürfnisse von uns Menschen. Warum solltest du neue Mitarbeitende also unnötig ins Chaos stürzen, wenn du ihnen auch ganz einfach ein Gefühl von Sicherheit geben kannst? Wenn neue Mitarbeitende genau wissen, was von ihnen erwartet wird und wie ihre Rolle im Unternehmen aussieht, können sie selbstbewusst und eigenständig Entscheidungen treffen. Damit werden alle entlastet, und bei den Mitarbeitenden entstehen Erfolgserlebnisse.

Beziehe alle Schlüsselpersonen ein.

Damit das Onboarding reibungslos funktioniert, ist es entscheidend, dass alle Führungskräfte, Ausbilder und Ansprechpartner im Prozess geschult sind. Sie sollten in der Lage sein, das Onboarding zu begleiten und bei Bedarf einzuspringen. Die „Grundausbildung" für neue Mitarbeitende sollte auf klar definierten Standards aufbauen, die von diesen Schlüsselpersonen vermittelt werden. Nur so kannst du sicherstellen, dass jede neue Person im Unternehmen die Unterstützung und Anleitung erhält, die sie benötigt, um in deinem Unternehmen erfolgreich zu sein.

Jetzt bist du dran!

In diesem Kapitel habe ich schon viele Bereiche angerissen, an denen du ansetzen kannst, um deinen Onboarding-Prozess zu standardisieren.

BESTANDSAUFNAHME

Fang erst einmal mit dem an, was du schon hast:

→ *Wie sieht aktuell das Onboarding in deinem Unternehmen aus?*

→ *Was erwartet neue Beschäftigte an ihrem ersten Arbeitstag?*

→ *Welche Informationen und Begleitung bekommen sie in den ersten Wochen?*

ERWARTUNGEN KLÄREN

Bevor du einen Onboarding-Plan entwickelst, mach dir erst mal klar, welche Erwartungen du an das neue Teammitglied in den ersten vier Wochen im Job hast. Schreib dafür einfach mal alles auf, was dir in den Sinn kommt – auch wenn dir beim Schreiben schon auffallen sollte, dass die Erwartung vielleicht nicht realistisch ist.

→ *Wie soll sich die Person im Unternehmen fühlen?*

→ *Welche Aufgaben soll sie erledigen?*

→ *Was soll sie verstanden haben?*

→ *Was soll sie können?*

→ *Was soll sie nicht mehr tun?*

→ *Was sollte sie nicht mehr nachfragen müssen?*

→ *Wie soll sie sich verhalten?*

Und nun versetze dich mal in die Lage deines neuen Mitarbeiters: Welche Erwartungen hat er an die ersten Wochen in deinem Unternehmen? Dazu kannst du gut auch Teammitglieder befragen, die noch nicht so lang bei dir arbeiten. Was hätten die sich während des Onboardings gewünscht? Was würden sie Neulingen gleich zu Beginn mit auf den Weg geben?

ONBOARDING-PROZESSE PLANEN

Die Entwicklung von Onboarding-Standards geht nicht von heute auf morgen. Aber mit den folgenden Denkanstößen kannst du schon einmal die ersten Schritte machen.

STANDARDS FÜR DEN ERSTEN ARBEITSTAG

- *Wer nimmt den Mitarbeiter in Empfang?*
- *Ist der Ansprechpartner informiert und vorbereitet?*
- *Ist der neue Mitarbeiter am Empfang angemeldet?*
- *Sind Schlüssel/Badges vorbereitet?*

STANDARDS FÜR DEN ARBEITSPLATZ

- *Was braucht der Mitarbeiter, um seinen Job machen zu können? (Technik, Kleidung, Büro, Spind, Werkzeug …)*
- *Wer ist für die Einrichtung des Arbeitsplatzes zuständig?*
- *Was gehört zur Einrichtung des Arbeitsplatzes dazu?*
- *Wer führt den Mitarbeiter wann in seinen Arbeitsplatz ein?*
- *Was muss der Mitarbeiter über seinen Arbeitsplatz wissen?*
- *Wer richtet wann Technik und Zugänge ein?*

STANDARDS FÜR DEN TAGESABLAUF

- *Wie läuft ein typischer Tag in der Abteilung des Mitarbeiters ab?*
- *Welche Informationen sollte er kennen?*
- *Wo geht man wann Mittagessen?*
- *Wann wird in der Regel Pause gemacht?*
- *Was sind die Regeln für Kaffee- oder Raucherpausen?*
- *Was wird von dem Mitarbeiter erwartet?*

STANDARDS FÜR DEN WOCHENPLAN

- → *Welche Tätigkeiten muss der Mitarbeiter lernen?*
- → *Welches Wissen muss er sich aneignen?*
- → *Wer kann ihm diese Tätigkeiten und das Wissen am besten vermitteln?*
- → *Welche Schulungen oder Unterlagen gibt es dafür schon?*
- → *In welcher Reihenfolge kann man das sinnvoll abarbeiten, ohne überfordert oder unterfordert zu sein?*

STANDARDS FÜR DAS KENNENLERNEN VON MENSCHEN

- → *Mit wem wird der Mitarbeiter zusammenarbeiten?*
- → *Wer sollte den Mitarbeiter kennenlernen?*
- → *Wer wird ein wichtiger Ansprechpartner für den Mitarbeiter sein?*
- → *Wie könnte man ein persönliches Kennenlernen organisieren (z. B. Laufzettel als Teil des Wochenplans)?*

Das sind viele Fragen, oder? Absolut, da gebe ich dir recht! Und du wirst merken: Je tiefer du dich ins Thema eindenkst, desto mehr Fragen werfen sich auf. Anstrengend – genau! Und genauso geht es deinen Mitarbeitenden, wenn sie sich ohne Hilfe in deinem Unternehmen und ihrem neuen Job zurechtfinden sollen. Kein Wunder, dass da manche aufgeben, oder?

Wenn du Mitarbeitende in dein Unternehmen integrieren willst, musst du jetzt die Verantwortung übernehmen und die Antworten auf diese Fragen finden – und sie anschließend in standardisierte Abläufe überführen.

Hol dir dazu die Unterstützung von den Menschen in deinem Unternehmen, die sich bisher ohne Plan mit der Einarbeitung neuer Mitarbeitender rumschlagen – sie haben bestimmt wertvollen Input und sind daran interessiert, das Onboarding in Zukunft stressfrei zu gestalten!

HÄUFIGE FRAGEN, DIE NEUE MITARBEITENDE BESCHÄFTIGEN:

FRAGEN ZU JOB UND UNTERNEHMEN

- → *Was sind die genauen Aufgaben und Erwartungen meiner Rolle?*
- → *Wer sind meine direkten Ansprechpartner und wie kann ich sie erreichen?*
- → *An wen kann ich mich bei vertraulichen Fragen und Zweifeln wenden?*
- → *Wie sieht der typische Arbeitsalltag in meiner Abteilung aus?*
- → *Welche spezifischen Tools, Software oder Systeme muss ich verwenden?*
- → *Wie funktionieren die internen Kommunikationswege und -protokolle?*
- → *Was sind die Kernwerte und die Unternehmenskultur?*
- → *Gibt es regelmäßige Meetings oder Teambesprechungen, an denen ich teilnehmen sollte?*
- → *Wie werden Leistung und Erfolg im Unternehmen gemessen und bewertet?*
- → *Welche Möglichkeiten zur beruflichen Weiterentwicklung gibt es im Unternehmen?*
- → *Wie lauten die Richtlinien zu Urlaub und Abwesenheiten?*

PRAKTISCHE FRAGEN

- → *Wann sind die üblichen Pausenzeiten und wie lange dauern sie?*
- → *Wo befindet sich die Kantine oder gibt es Empfehlungen für nahegelegene Essensmöglichkeiten?*
- → *Was sind die Prozesse und Richtlinien bei Krankheit?*
- → *Wie funktioniert das Parkplatzsystem?*
- → *Gibt es Schließfächer oder sichere Aufbewahrungsmöglichkeiten für persönliche Gegenstände?*
- → *Wie lauten die Sicherheitsvorschriften und -prozeduren?*
- → *Gibt es eine Kleiderordnung oder spezifische Anforderungen an die Arbeitskleidung?*
- → *Wie funktioniert das System zur Zeiterfassung oder Stempeluhr?*
- → *Wo finde ich Büromaterialien und wer ist mein Ansprechpartner bei technischen Problemen?*
- → *Gibt es regelmäßige soziale Veranstaltungen oder Teamaktivitäten?*

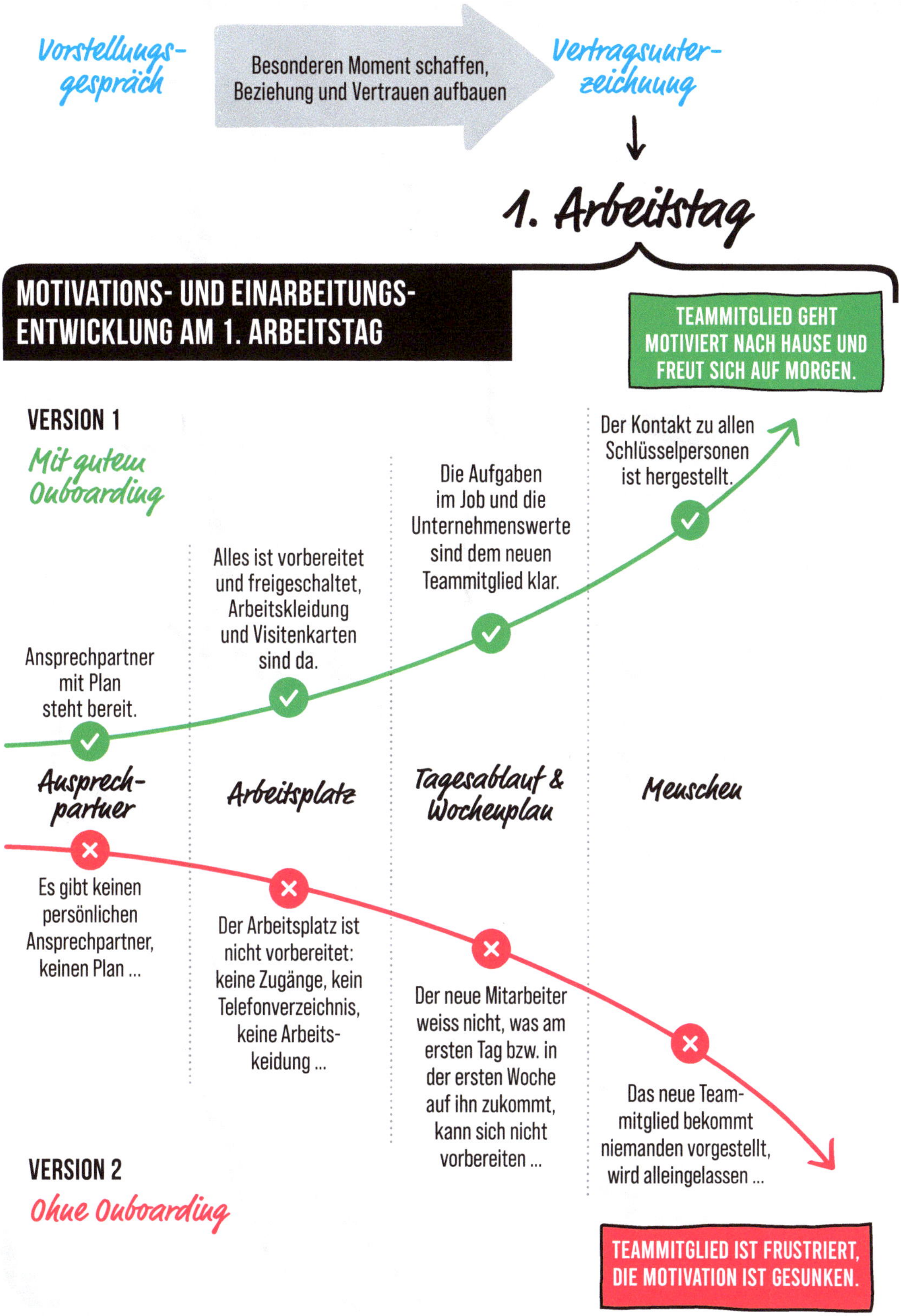
Vorstellungsgespräch
Besonderen Moment schaffen, Beziehung und Vertrauen aufbauen
Vertragsunterzeichnung
1. Arbeitstag
MOTIVATIONS- UND EINARBEITUNGS-ENTWICKLUNG AM 1. ARBEITSTAG
TEAMMITGLIED GEHT MOTIVIERT NACH HAUSE UND FREUT SICH AUF MORGEN.
VERSION 1
Mit gutem Onboarding
Ansprechpartner mit Plan steht bereit.
Alles ist vorbereitet und freigeschaltet, Arbeitskleidung und Visitenkarten sind da.
Die Aufgaben im Job und die Unternehmenswerte sind dem neuen Teammitglied klar.
Der Kontakt zu allen Schlüsselpersonen ist hergestellt.
Ansprechpartner
Arbeitsplatz
Tagesablauf & Wochenplan
Menschen
Es gibt keinen persönlichen Ansprechpartner, keinen Plan ...
Der Arbeitsplatz ist nicht vorbereitet: keine Zugänge, kein Telefonverzeichnis, keine Arbeitskeidung ...
Der neue Mitarbeiter weiss nicht, was am ersten Tag bzw. in der ersten Woche auf ihn zukommt, kann sich nicht vorbereiten ...
Das neue Teammitglied bekommt niemanden vorgestellt, wird alleingelassen ...
VERSION 2
Ohne Onboarding
TEAMMITGLIED IST FRUSTRIERT, DIE MOTIVATION IST GESUNKEN.

Wie halte ich Mitarbeiter im Unternehmen?

5

Ich erinnere mich noch gut an das Gefühl, als mir das erste Mal die Laufbahnmöglichkeiten in der Bundeswehr vorgestellt wurden. Es war irgendwie ein paradoxes Gefühl: Als freiheitsliebender Mensch war mein erster Impuls Ablehnung – ich lasse mir doch von niemandem vorschreiben, wie ich meine Laufbahn gestalte! Aber auf den zweiten Blick hat mich gerade die strukturierte Planung angesprochen: festgelegte Laufbahnen mit klaren Zielen und Entwicklungschancen haben mir eine Perspektive gegeben, die ich für mich selbst nie gesehen hätte. Es war, als hätte ich eine Landkarte für meine berufliche Reise in der Hand – mit festen Stationen, aber auch mit Raum für persönliche Entwicklung.

In meiner Rolle als Berater beobachte ich häufig, dass meine Kunden wertvolle Mitarbeitende verlieren, weil sie es versäumen, rechtzeitig Perspektiven und Entwicklungsmöglichkeiten aufzuzeigen. Oft sind es gerade Positionen in den unteren Hierarchieebenen, in denen viel Fluktuation herrscht, die Führungskräfte oft vor Ratlosigkeit stellt. Sie sind dann wirklich überrascht, dass ihre Mitarbeitenden auf einmal mit dem Status quo nicht mehr zufrieden sind und sich umorientieren. Dabei ist es doch eine ganz einfache Wahrheit: Wer seinen Mitarbeitenden keine Perspektiven bietet, riskiert, sie zu verlieren.

Ich habe das selbst als Angestellter mal erlebt. In einem Unternehmen, in dem ich früher tätig war, habe ich um eine Gehaltserhöhung und Entwicklungsmöglichkeiten gebeten. Das wurde abgelehnt, weil ich angeblich zu jung war – mein Wunsch wurde als vermessen abgetan. Also habe ich kurz darauf das Unternehmen verlassen. Später hörte ich, dass zwei neue Mitarbeitende eingestellt wurden, um meine Aufgaben zu übernehmen – wohlgemerkt mit höheren Kosten für das Unternehmen.

Anders war es bei der Bundeswehr: Da wurde mir von Beginn an eine klare Laufbahn vorgezeichnet. Ich hatte einen vorgegebenen Weg mit definierten Zielen, Ausbildungen und Positionen, die ich erreichen konnte. Dieser Weg gab meinem beruflichen Dasein nicht nur Struktur, sondern auch einen Sinn. Diese Kombination aus festen Zielen und dem übergeordneten Zweck war mein Antrieb, und ich fühlte mich als Teil eines größeren Plans.

In meinen Beratungen gebe ich diese Erfahrungen und Erkenntnisse heute an meine Kunden weiter: Als Unternehmer musst du verstehen, dass es für echte

Mitarbeiterbindung mehr braucht als nur einen Gehaltsscheck und vielleicht noch ein paar Benefits. Es geht darum, Perspektiven zu schaffen, Entwicklungsmöglichkeiten aufzuzeigen und deinen Mitarbeitenden zu vermitteln, dass ihr Beitrag wichtig ist und dass es einen Weg nach vorne gibt. Nur so wirst du das volle Potenzial deiner Beschäftigten ausschöpfen und sie langfristig an das Unternehmen binden.

In diesem Kapitel erkläre ich dir, wie du verhinderst, dass deine Mitarbeitenden schon nach kurzer Zeit frustriert und desillusioniert zur Konkurrenz wechseln, weil dort das Gras grüner zu sein scheint. Da kommt ziemlich viel Arbeit auf dich zu. Aber eigentlich brauchst du dafür nur das, was dich zu dem gemacht hat, was du heute bist: dein Unternehmergeist.

Komm aus der Opferrolle raus!

Es ist mal wieder Zeit, Klartext zu reden: Wenn ein Mitarbeiter dein Unternehmen verlässt, bist nicht du das Opfer. Nein! – Das ist deine Schuld. Denn du hast ihn gehen lassen. Also pack dein Ego und deine Emotionen in die Schublade und schau dir die Lage mal rational an: Was ist wirklich passiert? Hat dieser Mitarbeiter deinen Betrieb nur wegen ein paar Euro mehr verlassen? Oder steckt da mehr dahinter?

Wenn wir ehrlich sind, verlassen Mitarbeitende aber nicht nur schlechte Chefs oder unangenehme Kollegen. Sie verlassen Jobs ohne Perspektive, in denen sie sich nicht weiterentwickeln können. Jobs, die sich wie ein Hamsterrad oder eine Sackgasse anfühlen. Ein höheres Gehalt bei der Konkurrenz ist dann nur der Gipfel auf einem Berg voller Unzufriedenheiten.

Mitarbeitende verlassen dich nicht. Du lässt sie gehen.

Versteh mich nicht falsch: Mitarbeitende kommen und gehen, das ist heute normal. Kaum mehr jemand verbringt sein gesamtes Arbeitsleben in ein und demselben Betrieb – und schon gar nicht auf derselben Stelle. Die Zeiten haben sich geändert, darum solltest du auch deine Erwartungen ändern.

Also: Nimm es nicht persönlich, wenn jemand geht. Sieh es stattdessen als unternehmerische Herausforderung. Denn du hast es in der Hand, proaktiv dafür zu sorgen, dass sich deine Leute bei dir wohlfühlen. Dass sie sich entwickeln können. Dass sie nicht nur einen Gehaltscheck, sondern eine Laufbahn und eine Zukunft bei dir sehen. Wenn du das hinbekommst, dann hast du nicht nur Angestellte – dann hast du Menschen, die mit dir gemeinsam am Erfolg deines Unternehmens arbeiten.

Mitarbeitende kommen und gehen. Das bringt auch immer wieder frischen Wind in dein Unternehmen und verhindert, dass eure Entwicklung stagniert.

Denk unternehmerisch.

Um das Problem zu lösen, solltest du jetzt zuerst einmal deine Unternehmerbrille aufsetzen und dich den Zahlen widmen. Wenn du die Mitarbeiterfluktuation in deinem Unternehmen wirklich verstehen willst, musst du rational und strategisch vorgehen. Frag dich: „Wie lange bleiben Mitarbeitende im Durchschnitt in meinem Betrieb? Auf welchen Positionen gibt es die meisten Abgänge? Wie lange haben diese Mitarbeitenden ihre Position im Schnitt innegehabt, bevor sie gegangen sind?"

Diese Zahlen geben dir wichtige Einblicke. Sie helfen dir, Trends zu erkennen und rechtzeitig Gegenmaßnahmen zu ergreifen. Wenn du diese Zahlen kennst, wirst du von Abgängen in Zukunft nicht mehr kalt erwischt, sondern kannst sie proaktiv vermeiden – oder aber mit einem guten Gefühl akzeptieren.

Eine unternehmerische Lösung dafür ist zum Beispiel ein laufendes Recruiting: Baue konstant einen Talent-Pool von möglichen Kandidaten auf. Gleichzeitig solltest du auch deine aktuelle Belegschaft sowie deren Entwicklungsmöglichkeiten im Blick behalten. Interne Laufbahnen zu schaffen und Mitarbeitende für höhere Positionen zu entwickeln, ist mindestens genauso effektiv wie das Anwerben neuer Talente – und häufig deutlich kostengünstiger.

Denn: Eine neue Mitarbeiterin zu suchen und einzuarbeiten, ist nicht nur umständlich, sondern oft auch teurer als eine Gehaltserhöhung oder Beförderung. Behalte das im Hinterkopf und denk langfristig – das ist echtes unternehmerisches Handeln!

Nutze die bisherigen Erfahrungen der Berufseinsteiger für dich.

Seit dem ersten Kindergartentag ist uns in unserer Gesellschaft ein erwartbarer Weg vorgegeben: Kindergarten, Grundschule, weiterführende Schule, Ausbildung oder Studium, Abschluss. Wir wissen immer, worauf wir zuarbeiten und was der nächste Schritt ist. „Wenn ich mich anstrenge, komme ich aufs Gymnasium." – „Wenn ich Medizin studieren will, brauche ich ein gutes Abi." – „Wenn ich meinen Meister machen möchte, muss ich einen guten Abschluss schaffen." Mit einem klaren Ziel vor Augen strengt man sich an, um dieses Ziel zu erreichen.

Mit genau dieser Lebenserfahrung kommen junge Mitarbeitende in dein Unternehmen – und fallen dann oft nach ein bis zwei Jahren in ein Motivationsloch. Denn auf einmal fehlt die Orientierung nach oben: Am Anfang ist der neue Job noch aufregend und man lernt viel. Aber sobald man ein gewisses Level erreicht hat, tritt man ohne Ziel auf der Stelle.

Was kommt dann? Als Berufsanfänger wissen sie noch nicht, wie dein Unternehmen tickt. Sie haben vielleicht eine Vorstellung davon, wo sie hinwollen, aber sie wissen nicht, wie man dahin kommt. Und sie trauen sich auch nicht zu fragen. Sie vertrauen darauf, dass ihre Führungskraft schon auf sie zukommen wird, wenn sie bereit für eine Beförderung sind …

Diesen unsicheren Schwebezustand kannst du als Arbeitgeber ganz einfach vermeiden, indem du dir die Gewöhnung an feste Strukturen zunutze machst: Biete Berufseinsteigern von Beginn an Orientierung und zeige auf, wo und wie sie sich in deinem Unternehmen entwickeln können.

„Wo siehst du dich in fünf Jahren?" Diese Frage kannst du dir in Bewerbungsgesprächen in Zukunft sparen. Welcher Bewerber gibt denn da schon eine ehrliche Antwort? Berufseinsteiger können sich in der Regel noch nicht mal vorstellen, welche Entwicklungsmöglichkeiten es gibt. Und erfahrene Mitarbeitende antworten dir auch nicht: „Da will ich mit meiner Familie im Ausland leben", wenn sie ja wissen, dass deine Firma nur regional arbeitet. Und junge Menschen sagen dir auch nicht: „Da bin ich hoffentlich zwei Jahre in Elternzeit mit meinem zweiten Kind". Stattdessen bekommt man immer etwas Unspezifisches zu hören, was sich meist um „Verantwortungsübernahme" oder „Führungsaufgaben" dreht. Das ist unverfänglich und klingt ambitioniert – das will die Chefin doch hören, oder? Aus tiefer Überzeugung kommt das aber selten …

Jetzt stell dir mal vor, du drehst die Frage um: „Wo sehe ich dich in fünf Jahren?" Und dann zeigst du eine Perspektive und vor allem einen Weg auf, wie der Bewerber sich in den nächsten fünf Jahren in deinem Unternehmen entwickeln wird. Das ist ein Gamechanger! Und vor allem hebst du dich damit höchstwahrscheinlich auch von den anderen Betrieben ab, mit denen der Bewerber vielleicht auch im Gespräch ist.

Natürlich kann es vorkommen, dass der Bewerber auf die Perspektive, die du aufzeigst, keinen Bock hat. Das ist nicht dramatisch, sondern eher eine wichtige Erkenntnis: So habt ihr schon früh gemerkt, dass eure Vorstellungen nicht zusammenpassen. Dann habt ihr aber eine konkrete Gesprächsgrundlage, mit der ihr gemeinsam und konkret überlegen könnt, welche Position für den Bewerber denn interessanter wäre. Oder ihr stellt fest, dass ihr wirklich nicht zusammenpasst. Auch okay, und vor allem: lieber jetzt als in ein, zwei Jahren, oder?

Stell dir vor, jemand bewirbt sich bei drei Firmen:

- ***Firma A bietet einen Jahresvertrag, 42.000 brutto und eine Probezeit von drei Monaten.***
- ***Firma B bietet einen unbefristeten Vertrag, 42.000 brutto und eine Probezeit von sechs Monaten.***
- ***Firma C bietet einen unbefristeten Vertrag, 40.000 brutto, Probezeit von sechs Monaten, eine feste Laufbahn mit Gehaltsentwicklung und einen Fortbildungsplan.***

Wenn die Bewerberin nach den Bewerbungsgesprächen mit Freunden und Familie über diese Angebote spricht: Zu welcher Firma wird ihr wohl geraten? Wahrscheinlich zu Firma C: Denn auch wenn das Einstiegsgehalt geringer ist, erhält die Bewerberin hier die Sicherheit, dass sie sich weiterentwickeln kann und ihr Gehalt zukünftig steigen wird.

Stell früh genug die Weichen.

Das Geheimnis, um deine Mitarbeitenden langfristig im Unternehmen zu halten, liegt in der strukturierten und gezielten Förderung ihrer Karrieren. Durch klare Strukturen und Anleitungen gibst du ihnen die Chance, alles richtig zu machen, sich erfolgreich zu entwickeln und Zufriedenheit in ihrem Job zu erlangen. Eins sage ich dir aus Erfahrung: Zufriedene Mitarbeitende sind loyale Mitarbeitende.

Wichtig ist, dass du diese Entwicklung nicht dem Zufall oder der Eigeninitiative deiner Angestellten überlässt. Die Entwicklung deiner Belegschaft sollte für dich eine genauso wichtige, strategische Aufgabe sein wie die Produktentwicklung oder die Kundenbindung.

Als Erstes solltest du dir Gedanken darüber machen, welche Laufbahnen in deinem Unternehmen möglich wären. Und zwar sowohl für Mitarbeitende auf Einstiegsebenen als auch für Führungskräfte.

Bei der Bundeswehr beispielsweise sind die Karrierewege klar vorgezeichnet. Ausbildung, Gehaltserhöhungen, Schulungen und regelmäßige Gespräche lassen wenig Raum für Unsicherheiten oder Selbstzweifel. Die Soldaten wissen immer genau, was ihr nächstes Ziel ist und wie sie dieses erreichen können.

Laufbahnen sind eine Chance, kein Käfig.

In deinem Unternehmen könntest du ähnliche Strukturen schaffen: Definiere klare Kriterien für Beförderungen und Gehaltserhöhungen. Es sollte ein transparentes System geben, in dem jede Person genau weiß, was zu tun ist, um auf die nächste Karrierestufe zu gelangen. Kein Raten, keine Abhängigkeit von der Laune der Vorgesetzten – es kommt nur auf die Leistung und die Erfüllung klar definierter Kriterien an.

Basierend auf diesem System führst du – oder deine Führungskräfte – regelmäßige Entwicklungsgespräche mit den Mitarbeitenden, in denen ihr über ihre Fortschritte sprecht und konkrete Ziele für den nächsten Karriereschritt festlegt. Wenn sich dabei herausstellt, dass jemand noch nicht bereit ist für den nächsten Schritt, hast du anhand deines Entwicklungssystems klare Richtlinien und Vorgaben, in welchen Bereichen sich die Person noch verbessern muss – und wie sie das schaffen kann.

Das Aufzeigen von Laufbahnen steuert nicht nur die Entwicklung deiner Mitarbeitenden, sondern auch die deines Unternehmens. Gut geführte Teams, die wissen, wohin ihr Weg führt, sind motivierter und engagierter. Als Unternehmer oder Führungskraft liegt es in deiner Verantwortung, über das Wohl und die Entwicklung deiner Mitarbeitenden nachzudenken, sie zu begleiten, ihre Leistungen zu überwachen, sie zu fördern und vor allem: regelmäßig mit ihnen zu kommunizieren. So schaffst du ein Umfeld, in dem sich jeder und jede Einzelne wertgeschätzt fühlt und gerne Teil deines Unternehmens ist.

Laufbahnen sind gut fürs Betriebsklima

Ein Vorteil von festen Laufbahnen ist auch, dass es keinen Neid und keine Missgunst zwischen den Mitarbeitenden gibt. Es ist immer klar, wie und warum man wohin kommt. Dadurch fühlt sich niemand ungerecht behandelt. Und jedes Teammitglied entscheidet selbst, ob es das Entwicklungsangebot annimmt oder da bleiben möchte, wo es ist.

Vorgeschriebene Laufbahnen stärken auch das Selbstbewusstsein der Mitarbeitenden: Sie fühlen sich nicht wie Bittsteller, die sich „trauen" müssen, nach einer Beförderung zu fragen. Sie erfahren stattdessen die Selbstwirksamkeit, dass sie durch ihr eigenes Zutun im Unternehmen vorankommen können.

Investiere in deine Mitarbeitenden

Investitionen in die Ausbildung und Entwicklung deiner Mitarbeitenden scheinen auf den ersten Blick eine ganz schön kostspielige Angelegenheit zu sein. Aber als Unternehmer weißt du auch, dass Investitionen nötig sind, um langfristig Erträge zu generieren. Dieses Prinzip gilt uneingeschränkt auch für dein Personal.

Die Bereitstellung von Weiterbildungsmöglichkeiten und die Förderung deiner Mitarbeitenden sind nicht nur Ausgaben. Sie sind handfeste Investitionen in dein Unternehmen. Durch gezielte Fortbildungen und Schulungen erhöhst du die Kompetenzen deiner Mitarbeitenden, stärkst deren Bindung an dein Unternehmen und reduzierst damit das Risiko von Mitarbeiterabgängen. Das ist doch ein guter Deal, oder?

Nehmen wir zum Beispiel eine Mitarbeiterin in der IT-Abteilung. Die Technologie entwickelt sich rasant weiter, und es ist essenziell, dass deine IT-Spezialisten auf dem neuesten Stand bleiben. Du entscheidest dich, die Kosten für eine spezialisierte Fortbildung in Cloud-Technologien zu übernehmen. Diese Investition hat mehrere Vorteile:

- Dein Unternehmen profitiert von den erweiterten Kenntnissen der Mitarbeiterin, was sich in effizienteren IT-Lösungen und einer verbesserten Wettbewerbsfähigkeit niederschlägt.

- Die Mitarbeiterin fühlt sich wertgeschätzt und motiviert, da sie sieht, dass du in ihre berufliche Entwicklung investierst und an ihrer Karriere interessiert bist. Zudem steigert sie durch die Weiterbildung ihren Marktwert.

Klingt zu schön, um wahr zu sein? Bedenken höre ich häufig … Viele Unternehmer haben Sorge, dass die Mitarbeiterin mit ihrem neuen Marktwert auf Jobsuche geht und das Unternehmen verlässt. Dann wäre die ganze Investition ja versenkt, oder? Nein, sehe ich nicht so.

Um das Risiko zu minimieren, dass Mitarbeitende nach teuren Fortbildungen das Unternehmen verlassen, kannst du (die Beteiligung an) Ausbildungskosten an die Bedingung knüpfen, dass der Mitarbeiter für eine bestimmte Zeit nach Abschluss der Ausbildung im Unternehmen bleibt. Sollte er sich dennoch entscheiden, das Unternehmen früher zu verlassen, wird ein Teil der Ausbildungskosten zurückgefordert. Dieses Vorgehen ist fair und schützt deine

Investition, ohne den Mitarbeiter gegen seinen Willen an dein Unternehmen zu fesseln.

Wenn du in deine Mitarbeitenden investierst, zeigst du, dass du ihr Potenzial erkennst und bereit bist, auf ihre Zukunft zu setzen. Das ist eine Win-win-Situation: Es stärkt nicht nur die Loyalität und Motivation deiner Belegschaft, sondern macht dich auch als Arbeitgeber attraktiver. Du erinnerst dich: Zufriedene Angestellte sind die besten Botschafter.

Beförderung ≠ Entwicklung!

In vielen Unternehmen wird Entwicklung mit Beförderung gleichgesetzt. Der beste Mitarbeiter wird einfach zur Führungskraft gemacht. Neuer Titel, Personalverantwortung, Gehaltserhöhung – das muss erst mal reichen für die nächsten fünf Jahre.

Der Haken ist aber: Wenn diese Person nur zur Führungskraft befördert wird, aber nicht für diese Rolle weitergebildet wurde, ist sie von vornherein zum Scheitern verurteilt. Stell dir vor, du warst in deinem Job immer der Beste. Du wirst dafür mit einer Beförderung belohnt – und bist auf einmal absolut schlecht und ahnungslos in deinem Job. Was für ein Dämpfer!

„Führungskraft" ist mehr als eine Gehaltskategorie: Die neue Position bringt neue Aufgaben und Herausforderungen mit sich, auf die diese Person vorbereitet werden muss. Auf die sie sich auch persönlich hinentwickeln muss. Wenn das nicht geschieht, hast du durch deine gut gemeinte Beförderung am Ende nicht nur eine frustrierte Führungskraft, sondern auch frustrierte Mitarbeitende, die unter dieser orientierungslosen Führungskraft arbeiten müssen.

Vertu keine Chancen durch Befristungen.

Es kommt immer mal vor, dass du nur temporär eine neue Fachkraft suchst, zum Beispiel als Elternzeit- oder Krankheitsvertretung oder für ein Projekt, das zeitlich befristet ist. Das ist auch absolut in Ordnung. Ich will dir aber einen Gedanken zu zeitlich befristeten Anstellungen mitgeben: Ein erfolgreiches Unternehmen kann es sich nicht leisten, einen guten Mitarbeiter nach Ablauf der Befristung gehen zu lassen. Ihr habt schon in die Suche, Einstellung und Einarbeitung dieser Person investiert. Wenn dieser Mitarbeiter gut in euer Unternehmen passt, wieso solltet ihr ihn dann nicht übernehmen?

Mein Tipp ist, auch bei befristeten Stellen von Beginn an Möglichkeiten zur Weiterbeschäftigung und eine Laufbahn aufzeigen, die nach der Befristung auf die Person wartet. Wenn du das nicht machst, beginnt die Person, schon während sie noch bei dir arbeitet, mit der Suche nach einem neuen Job – das ist ja nur logisch, ihr Leben endet ja nicht mit deiner Befristung. Wenn du dann erst gegen Ende der Vertragslaufzeit das Gespräch über eine mögliche Übernahme aufnimmst, ist es in der Regel schon zu spät: Da hat sie schon einen Anschlussjob gefunden. Also, wenn du gute Mitarbeitende in deinem Unternehmen halten willst: Sei proaktiv und denk unternehmerisch.

Ein anderer Fall sind „Befristungen ohne Grund“, wie ich sie mal nennen will. Vielleicht gehörst du auch zu den Arbeitgebern, die aus Prinzip erst mal nur befristete Verträge anbieten. So kann man zunächst schauen, ob man zusammenpasst und der Bewerber wirklich alles kann, was er im Bewerbungsprozess behauptet hat. Und wenn er sich dann zwei Jahre lang bewiesen hat, winkt als Belohnung eine Entfristung. Und dann wunderst du dich, dass die meisten nach zwei Jahren nicht bleiben wollen. Und du fühlst dich bestätigt: Solche treulosen Mitarbeiter brauchst du nicht, da suchst du dir lieber jemand neuen!

Dazu kann ich nur sagen: Wie man in den Wald ruft …

Du kannst es dir nicht leisten, deinen Mitarbeitenden so zu misstrauen. Wenn dein Bauchgefühl im Bewerbungsgespräch nicht stimmt, dann stell die Person erst gar nicht ein. Sonst verschwendest du nur Zeit und Energie – und zwar auf beiden Seiten! Statt dich hinter Befristungen zu verstecken, verändere deinen Bewerbungsprozess, damit du die richtigen Leute anziehst und auswählst. Plane Entwicklungsmöglichkeiten, damit die Leute ihr Potenzial entfalten können und in deinem Unternehmen bleiben wollen.

Lass
deine
Ängste
los.

„Aber wenn ich alle weiterentwickle, habe ich doch auf den unteren Ebenen niemanden mehr." Das ist ein Einwand, den ich häufig von meinen Kunden höre. Und ja, das ist so. Theoretisch. Praktisch ist es aber auch so, dass sich nicht jeder nach oben entwickeln möchte. Nicht jeder will Personalverantwortung. Nicht jeder will unbedingt mehr Geld.

Manche Angestellten sind einfach zufrieden auf ihrer Position. Weil ihnen die Arbeit Freude bereitet oder weil sie ihnen genug Zeit und Energie für ihr Privatleben oder Hobbies lässt.

Wenn du noch zögerst, ein Entwicklungsprogramm für deine Mitarbeitenden aufzubauen, weil du Angst hast, dass dir dann der Unterbau verloren geht, setze wieder die rationale Unternehmerbrille auf.

Denn es hilft wieder ein Blick auf deine Zahlen:

- Wie lange bleiben Mitarbeitende in den unteren Ebenen in der Regel auf ihrer Position?
- Wenn sie die Position verlassen, woran liegt es: Haben sie das Unternehmen verlassen oder wurden sie in eine höhere Ebene befördert?
- Womit hätte man die Personen halten können, die das Unternehmen verlassen haben?

Ich garantiere dir: Wenn du Laufbahnen in deinem Unternehmen etablierst und dann in ein paar Jahren noch einmal auf diese Zahlen blickst, wirst du erkennen, dass der Kündigungszeitraum sich um einige Jahre verlängert hat. Und das alles nur, weil du deinen Mitarbeitenden proaktiv Entwicklung angeboten hast. Was hält dich bei dieser Perspektive jetzt noch auf?

Führen mit Angst ist out. Wenn Angst dein einziges Führungsinstrument ist, wird es dein Unternehmen nicht mehr lange geben.

Mach deine
Führungskräfte zu
Talententwicklern.

Wenn du dich jetzt dazu entschieden hast, deinen Mitarbeitenden Laufbahnen und Perspektiven anzubieten, brauchst du in deinem Unternehmen auch Menschen, die das Thema in die Hand nehmen oder dich zumindest dabei unterstützen.

Als Erstes musst du dafür deine Führungskräfte an Bord holen. Die Wahrheit ist nämlich auch: Die meisten Führungskräfte wollen ihre Mitarbeitenden eigentlich gar nicht fördern! Denn wenn sie jemanden aus dem eigenen Team heraus befördert, fehlt der Führungskraft dadurch eine Kraft, die sie vorher mühsam aufgebaut hat. Im schlimmsten Fall wird die Person noch zur Konkurrenz und macht ihr den Job streitig! Beförderungen sind also meistens nicht im Sinne der Führungskräfte – und bleiben deshalb viel zu oft einfach aus. Mit der Folge, dass Mitarbeitende stagnieren, frustriert sind und sich dann irgendwann selbst aus dem Team befördern – und zwar zu einem anderen Job und Arbeitgeber.

Menschen verlassen nicht ihren Job, sie verlassen schlechte Führungskräfte.

Deine Führungskräfte sind der Schlüssel für die Weiterentwicklung deines Unternehmens. Haben sie schon Lust, die Menschen in ihren Teams zu entwickeln? Mit der Einführung von festen Laufbahnen kannst du ihnen die Hemmung nehmen, Menschen aus ihrem Team gehen zu lassen. Denn feste Laufbahnen bedeuten auch, dass regelmäßig und verlässlich fähige neue Leute nachkommen.

Wenn deinen Führungskräften dieser Effekt klar wird, werden sie mehr Freude daran haben, die Talente in ihrem Team weiterzuentwickeln. Und: Die erfolgreiche Entwicklung ihrer Mitarbeitenden ist natürlich auch eine Aufgabe innerhalb der eigenen Führungskräftelaufbahn, die man meistern muss, um die nächste Karrierestufe zu erreichen …

Du kannst es dir nicht leisten, schlechte Führungskräfte zu haben. Die werden niemals das Beste aus ihrem Team herausholen und auch nicht ihren Beitrag zu den Unternehmenszielen leisten.

Jetzt bist du dran!

In diesem Kapitel habe ich dir verraten, wie du Mitarbeitende langfristig an dein Unternehmen bindest. Jetzt liegt es an dir, das auch in die Tat umzusetzen.

1. SCHAU DIR DEINE ZAHLEN AN.

Bevor du irgendetwas änderst, um Mitarbeitende in deinem Unternehmen zu halten, brauchst du ein paar Fakten zum Ist-Zustand.

Wirf dazu einen Blick in deine Zahlen und Statistiken und finde Antworten auf folgende Fragen:

- → *Wie lange bleiben Mitarbeitende im Durchschnitt in meinem Betrieb?*
- → *Auf welchen Positionen gibt es die meisten Abgänge?*
- → *Wie lange haben diese Mitarbeitenden ihre Position innegehabt, bevor sie gegangen sind?*
- → *Wie lange bleiben Mitarbeitende in den unteren Ebenen in der Regel auf ihrer Position?*
- → *Wenn sie die Position verlassen, woran liegt es: Haben sie das Unternehmen verlassen oder wurden sie in eine höhere Ebene befördert?*
- → *Womit hätte man die Personen halten können, die das Unternehmen verlassen haben?*
- → *Wurden Exit-Gespräche geführt?*

2. ENTWICKLE LAUFBAHNEN.

Du musst dein ganzes Unternehmen nicht von jetzt auf gleich mit Laufbahnen ausstatten. Dafür braucht es einiges an Vorbereitung und das muss vor allem auch zu Ende gedacht werden. Aber mach den ersten Schritt:

Wähle erst mal nur eine Rolle in deinem Unternehmen aus und skizziere eine mögliche Laufbahn.

Folgende Fragen helfen dir dabei:

- → *Was sind die Voraussetzungen für diese Rolle?*
- → *Was müsste alles passieren, damit sich ein Mitarbeiter vom Berufseinsteiger bis zu dieser Rolle entwickeln kann?*
- → *Wie könnten ihm die nötigen Skills und Fähigkeiten vermittelt werden?*
- → *Was davon könntet ihr intern abdecken, was ginge besser extern?*
- → *Was müsstest du dafür investieren?*
- → *Welche Entwicklungsschritte wären mit einer Gehaltserhöhung verknüpft?*

3. BEREITE DEINE FÜHRUNGSKRÄFTE VOR.

Deine Führungskräfte sind ein entscheidender Faktor für die Entwicklung und Zufriedenheit deiner Mitarbeitenden – egal ob mit Laufbahnen oder ohne.

Mach dir darum mal Gedanken darüber, welche Rolle Führungskräfte bisher in deinem Unternehmen spielen.

Folgende Fragen helfen dir dabei:

- → *Was macht für dich eine gute Führungskraft aus?*
- → *Welche Werte stecken hinter deinen Erwartungen?*
- → *Welche Rolle spielen Führungskräfte bisher in der Entwicklung deiner Mitarbeitenden?*
- → *Werden sie an der erfolgreichen Entwicklung gemessen?*
- → *Belohnst du sie dafür, wenn sie Mitarbeitende aktiv fördern und entwickeln?*
- → *Wie entwickelst du deine Führungskräfte?*

Führungskräfteentwicklung hört nie auf! Das gilt auch für dich: Du musst dich genauso weiterentwickeln, sonst wird sich auch dein Unternehmen nicht entwickeln.

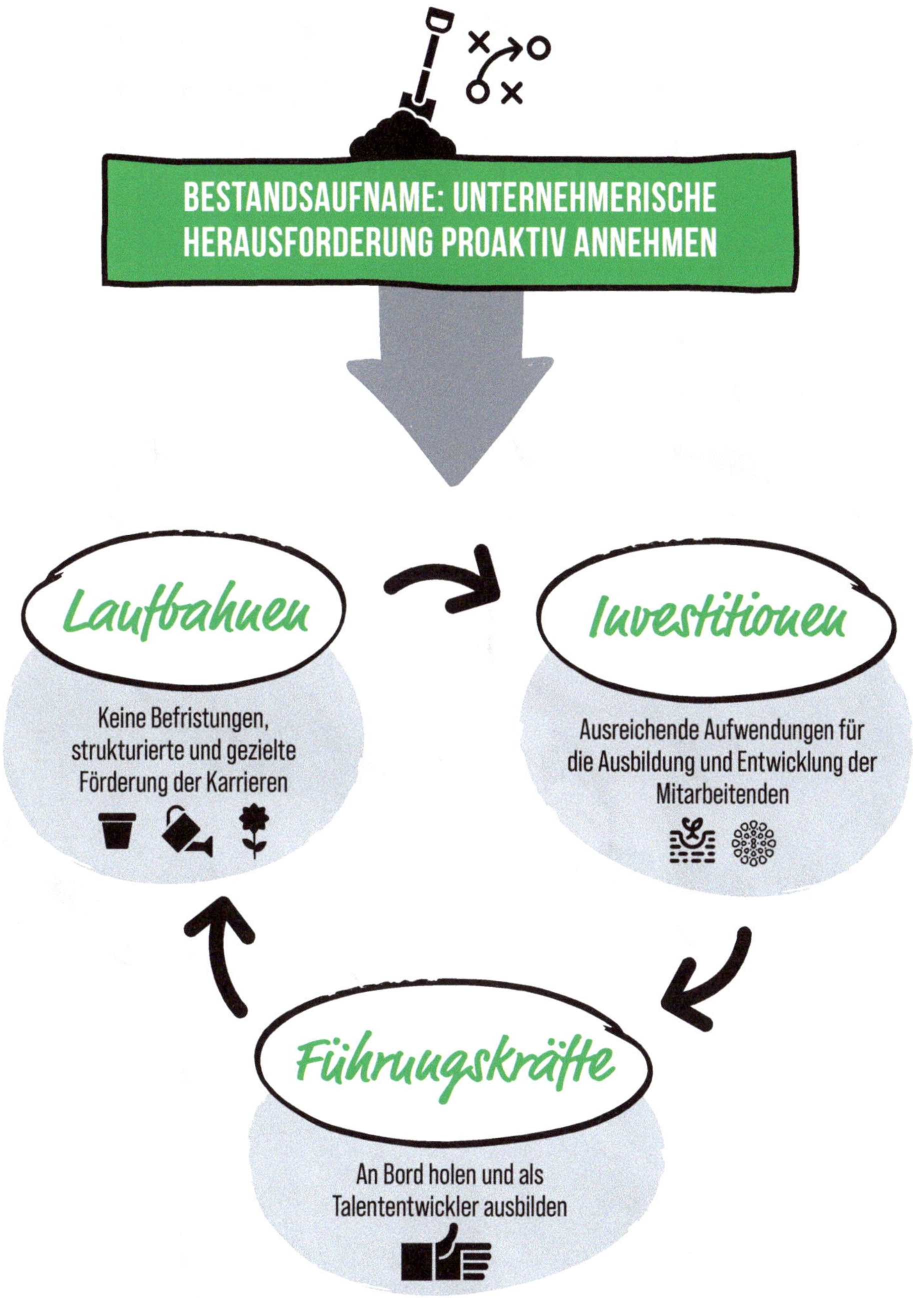
BESTANDSAUFNAHME: UNTERNEHMERISCHE HERAUSFORDERUNG PROAKTIV ANNEHMEN
Laufbahnen
Keine Befristungen, strukturierte und gezielte Förderung der Karrieren
Investitionen
Ausreichende Aufwendungen für die Ausbildung und Entwicklung der Mitarbeitenden
Führungskräfte
An Bord holen und als Talententwickler ausbilden

Wie trenne ich mich von Mitarbeitern?

6 –

Es ist traurig, aber wahr: Ich wurde in der Vergangenheit auch schon mal von Mitarbeitenden ausgenutzt. Die Vertrauensarbeitszeit wurde missbraucht, angebliche Überstunden wurden zur Abrechnung eingereicht und ein iPhone ging zufällig genau zu der Zeit kaputt, als das Nachfolgermodell auf den Markt kam. Ich habe meinen Wert „Vertrauen" in der Unternehmenskultur gelebt und wurde dann so hintergangen …

Ich müsste lügen, wenn ich behaupten würde, dass ich das cool weggesteckt habe und unberührt weiter meinen Weg gegangen bin. Natürlich war ich im ersten Moment tief enttäuscht und fühlte mich persönlich verletzt. Aber mit der Zeit habe ich gelernt, dass das zum Unternehmer-Dasein dazugehört: Mitarbeitende kommen, Mitarbeitende gehen.

Bei manchen Abschieden nimmt man sich am letzten Arbeitstag in den Arm. Wie bei einer langjährigen Mitarbeiterin, die während ihres Studiums bei uns gearbeitet hat: Als sie ihr Studium abgeschlossen hatte, habe ich ihr mit meinen Kontakten noch geholfen, einen großartigen Vollzeitjob bei ihrem Wunschunternehmen zu bekommen und ihr alles Gute gewünscht. Wir sind heute noch in Kontakt.

Bei anderen Abschieden wiederum spricht man mit sofortiger Wirkung ein Hausverbot aus, kassiert die Schlüssel ein und ruft seinen Anwalt an.

Eines habe ich daraus gelernt: Egal, wie es kommt, ich muss vorbereitet sein. Zum einen, um mich selbst und mein Unternehmen zu schützen. Zum anderen, und das ist eigentlich noch wichtiger, weil ich es meinem Team schuldig bin, jederzeit konsequent zu handeln.

Aus diesem Grund habe ich einen Offboarding-Prozess entwickelt, mit dem ich scheidende Mitarbeitende professionell aus meinem Unternehmen verabschieden kann.

In diesem Kapitel zeige ich dir, wie du dich bestmöglich auf die Trennung von Mitarbeitenden vorbereitest. Ich habe einen Weg gefunden, wie man den Abschied professionell abwickeln kann – und davon noch für die Weiterentwicklung seines Unternehmens profitiert.

Rechne mit dem SCHLIMMSTEN.

So düstere Worte bist du gar nicht gewohnt von mir, was?

Keine Sorge: Was erst mal wie ein extrem pessimistischer Einstieg klingt, ist tatsächlich ein Befreiungsschlag für dich.

Denn es ist ja so: Wenn du dir einmal klar gemacht hast, dass jedes Teammitglied dich wahrscheinlich irgendwann verlassen wird, kann dich eine Kündigung – oder ein Vertrauensbruch – nicht wirklich kalt erwischen. Und wenn du darauf vorbereitet bist, gehst du mit der Situation so professionell um wie mit jeder Herausforderung in deinem Unternehmen: strategisch, mit einem kühlen Kopf und ohne es persönlich zu nehmen. Wenn mal eine Maschine in deiner Werkstatt den Geist aufgibt oder es in deinem Gebäude einen Wasserschaden gibt, nimmst du das ja auch nicht persönlich, oder?

Sowohl Arbeitgeber als auch Arbeitnehmer halten viel zu oft an einer Zusammenarbeit fest, obwohl diese eigentlich nicht mehr funktioniert. Manchmal aus Faulheit, manchmal aus Angst vor einer Konfrontation. Dabei gehört das auch zur Aufgabe einer Führungskraft und eines Unternehmers: zu identifizieren, welche Mitarbeitenden nicht mehr im Einklang mit den Werten und dem Auftrag des Unternehmens handeln, und entsprechende Maßnahmen zu ergreifen.

Dass Menschen dein Unternehmen verlassen müssen, kann viele Gründe haben:

PRIVATE GRÜNDE

Sie ziehen aus privaten Gründen in eine andere Stadt oder möchten sich persönlich weiterentwickeln und verändern. Reisende soll man ziehen lassen: Im Idealfall aktivierst du dein Netzwerk, um diese Menschen mit Job- oder Wohnungssuche in ihrem neuen Wirkungsbereich zu unterstützen.

Gib Mitarbeitenden, die von sich aus kündigen, nie das Gefühl, dass ihr Schritt eine Fehlentscheidung ist. Lass guten Mitarbeitenden immer die Chance offen, zurückzukehren. Signalisiere ihnen, dass sie bei dir willkommen sind, wenn es ihnen im neuen Unternehmen nicht gefallen sollte oder sie später neue Möglichkeiten bei dir interessieren könnten. Man sieht sich schließlich immer zweimal im Leben und wer weiß schon, was die Zukunft bringt?

BETRIEBLICHE GRÜNDE

Es kann sein, dass du Menschen entlassen musst, weil du einen Bereich deines Unternehmens schließen oder die Kapazität reduzieren musst. In dem Fall solltest du dafür sorgen, dass die Personen eine neue, sichere Anstellung finden. Vielleicht gibt es in deinem Netzwerk eine Firma, die gerade dringend Personal sucht?

RAUSWURF

Manche Menschen leisten sich Fehltritte, die du in deinem Unternehmen nicht tolerieren kannst. Du siehst dich gezwungen, das Arbeitsverhältnis zu beenden. Auch in dieser Situation bleibst du gelassen, wenn du deine Rechte und Pflichten kennst und die Kündigung professionell abwickelst.

Merkst du schon, wie diese Situationen an Schrecken verlieren, wenn du sie mal rationalisierst?

Vergiss deine GEFÜHLE.

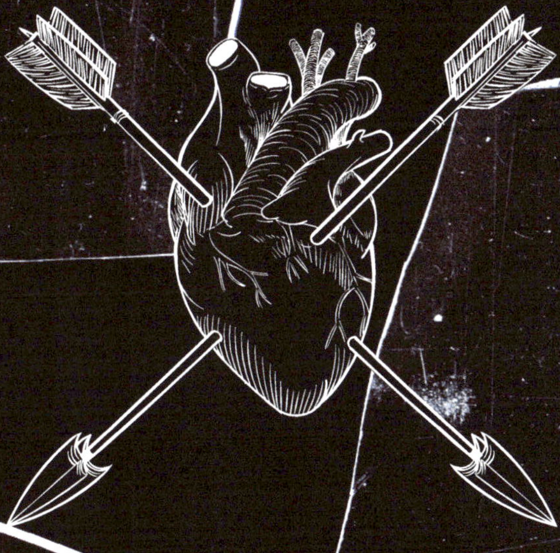

Ein ganz wichtiger Punkt bei der Trennung von Angestellten ist, dass du nicht von einem auf alle schließt: Nur, weil sich mal ein Mitarbeiter nach einer Kündigung mies verhalten hat, wird das nicht mit allen anderen auch so laufen.

Mitarbeitende, die gehen, sind entweder zu gut oder zu schlecht für dein Unternehmen. Wenn sie zu gut sind, musst du ihnen auch die Chance geben, sich in einem anderen Unternehmen weiterzuentwickeln. Wenn du merkst, dass jemand bei dir unterfordert ist, du aber keine Entwicklungsmöglichkeit bieten kannst, hast du zwei Möglichkeiten: Du kannst dich darüber ärgern. Oder du kannst versuchen, für diese Person in deinem Netzwerk eine passende Perspektive zu finden.

Das geht deinem Ego vielleicht erst mal gegen den Strich aber sieh es mal so: Du hast nichts zu verlieren. Eine Person, die unterfordert und unzufrieden ist, leistet ohnehin nicht den Beitrag zu deinen Zielen, den du dir erhoffst.

Und es steckt sogar eine Chance für dich in jeder Trennung: Wenn du in diesem Moment dem Menschen, der dir gegenüber steht, Wertschätzung zeigst und ihm hilfst, wird er wahrscheinlich in dein Unternehmen zurückkommen, wenn eine passende Stelle frei wird.

STEH FÜR DEINE Werte ein.

Wir haben es eingangs schon festgehalten: Wenn du dein Unternehmen mit Werten und Auftrag führst, haben deine Mitarbeitenden eine klare Guideline dafür, wie sie sich jederzeit richtig verhalten können.

Umgekehrt kannst du deinen Mitarbeitenden gegenüber damit auch klar kommunizieren, warum es Zeit ist, getrennte Wege zu gehen:

- Wenn dir früh genug auffällt, dass jemand sich schwer damit tut, eure Werte zu leben, ist das ein guter Anlass, das Gespräch zu suchen. Vielleicht findet ihr einen Weg, wie ihr wieder zusammenkommt. Oder ihr merkt im Gespräch, dass eine Zusammenarbeit unter diesen Voraussetzungen keinen Sinn mehr hat.
- Und wenn jemand klar gegen eure Werte gehandelt hat und du diese Person als Konsequenz entlassen musst, ist es leicht für dich, dem Rest des Teams diese Trennung zu erklären.

Tatsächlich bist du es deinen anderen Mitarbeitenden auch schuldig, in solchen Fällen konsequent zu handeln. Ein Mitarbeiter, der nicht im Sinne des Unternehmens handelt, belastet schließlich das ganze Team. Die anderen Teammitglieder müssen sich mit den Konsequenzen seines Handelns auseinandersetzen, diese ausbaden oder sogar Kunden gegenüber vertuschen.

Besonders bei kleinen Unternehmen kann schnell eine Abwärtsspirale entstehen!

Zum einen ist das nicht die Aufgabe und Verantwortung der Teammitglieder – hier muss die zuständige Führungskraft eingreifen; zum anderen geht es auch dich als Unternehmer etwas an: Deine Unternehmensziele sind in Gefahr, und damit auch die Jobsicherheit der gesamten Belegschaft.

FÜHRE STRUKTUREN ein.

In diesem Buch hast du bereits die Bedeutung von strategischen Prozessen für das Onboarding neuer Mitarbeitender kennengelernt. Darum wird dich Folgendes nicht überraschen: Ein strukturiertes Offboarding ist der letzte Schritt in der Employee Journey in deinem Unternehmen.

Was du brauchst, sind feste Prozesse für folgende Szenarien bzw. „Abgangskategorien":

- ***Mitarbeitende, die im Guten gehen***
- ***Mitarbeitende, die im Schlechten gehen***

Stell dir das so vor: Für beide Szenarien hast du einen Umschlag in der Schreibtischschublade – einen blauen und einen roten. Wenn die Zeit kommt, ziehst du einfach den passenden Umschlag raus und wickelst die Situation professionell ab.

Also: Was steckt in diesen Umschlägen? Klare Ziele und konkrete Prozessschritte. Ich beschreibe dir mal, wie das bei mir aussieht.

SZENARIO 1: EINE MITARBEITERIN GEHT IM GUTEN.

In dieser Situation setze ich mir folgende Ziele:

- Wir gestalten das Ausscheiden so, dass auf beiden Seiten keine Fragen offenbleiben. *(Gute Kommunikation ist hier der Schlüssel.)*
- Die Mitarbeiterin fühlt sich wohl mit ihrer Entscheidung und fühlt sich auch weiterhin als Mensch wertgeschätzt. *(Du kannst noch Alternativen zur Kündigung anbieten, zum Beispiel Teilzeit/Jobsharing oder Freistellung. Mach aber keinen Druck!)*
- Das Aufgabenfeld wird gut und vollständig übergeben. *(Wenn du laufend akquirierst, kannst du schnell einen Kandidaten nachrücken lassen. Die Mitarbeiterin kann sogar noch bei der Auswahl und Einarbeitung helfen.)*
- Die Mitarbeiterin weiß, dass sie jederzeit ins Unternehmen zurückkehren kann. *(Lass für gute Mitarbeitende immer die Tür offen!)*
- Sie hinterlässt eine positive Bewertung des Unternehmens in entsprechenden Portalen. *(Solche Bewertungen sind Gold wert für dein Recruiting.)*
- Die Führungskraft organisiert einen angemessenen Abschied und Ausstand. *(Die Wertschätzung loyaler Mitarbeitender endet nicht mit Erhalt des Kündigungsschreibens!)*

Das Formulieren der Ziele ist nur der erste Schritt im Prozess. Als Nächstes musst du daraus einen Prozess ableiten, der Ablauf und Aufgaben für die Wochen nach der Kündigung definiert.

Eine häufige Herausforderung in diesem Szenario ist, dass die Person, die gekündigt hat, sich für die Wochen bis zum Ende des Arbeitsvertrags krankschreiben lässt. Auf uns als Arbeitgeber wirkt das erst mal wie eine Null-Bock-Haltung – dabei stecken dahinter ganz oft nur Unsicherheit und Angst: „Wie werde ich nach meiner Kündigung im Unternehmen behandelt? Sind meine Kollegen jetzt sauer auf mich, weil ich sie ‚im Stich lasse'? Werde ich ausgegrenzt oder sogar angefeindet? Werde ich überhaupt noch gebraucht?"

Diesem Szenario kannst du mit einem guten Offboarding proaktiv entgegentreten: Formuliere mit der Person, welche Aufgaben sie noch erledigen muss, bevor sie das Unternehmen verlässt. Dann setzt ihr einen realistischen Zeitrahmen dafür, bis wann das zu schaffen ist. Mit dem Ziel: Wenn die Aufgaben erledigt sind, kann die Person auch schon vor der Kündigungsfrist das Unternehmen verlassen. So gibst du bis zum Ende einen klaren Erwartungshorizont vor, in dem deine Mitarbeitenden – und zwar die gehenden und die bleibenden – wissen, wie sie sich richtig verhalten können. Außerdem gibt das der Person, die dein Unternehmen verlassen wird, zusätzliche Motivation, ihre Aufgaben noch effizient abzuarbeiten.

Und auch für das Zwischenmenschliche solltest du einen Plan haben: Leg fest, wie, wann und was andere Teammitglieder über das Ausscheiden aus dem Unternehmen erfahren. Das entmystifiziert die Kündigung und vermeidet, dass getuschelt und spekuliert wird. Das Ausscheiden eines Teammitglieds bringt immer auch etwas Unruhe in die Belegschaft, weil es am Status quo rüttelt. Darum ist es wichtig, dass du in dieser Situation allen Mitarbeitenden ein Gefühl von Sicherheit und Souveränität vermittelst. So nimmst du auch auf dieser Seite die Emotionen aus dem Thema raus.

SZENARIO 2: EIN MITARBEITER GEHT IM SCHLECHTEN.

In dieser Situation setze ich mir folgende Ziele:

- Ich vertrete klar die Werte unseres Unternehmens. *(Die Kündigung ist nicht persönlich. Jeder weiß, wie er sich zu verhalten hat. Wer das nicht tut, muss die Konsequenzen tragen.)*
- Ich wende Schaden vom Unternehmen und anderen Mitarbeitenden ab. *(Du hast als Führungskraft die Verantwortung für diese Menschen!)*
- Ich strahle für meine Belegschaft Sicherheit aus. Körperliche Sicherheit, Arbeitsplatzsicherheit, Führungssicherheit.
- Ich gestalte den Kündigungsprozess rechtskonform. *(Du hast Rechte. Der Mitarbeiter hat Rechte. Die musst du kennen und umsetzen. Lass dich hier anwaltlich beraten und vorbereiten. Ordentliche Verträge sind in dieser Situation das A und O.)*

Gerade, wenn du dich im Schlechten von jemandem trennen musst, kommt es auf klare Prozesse an. Zum einen, weil diese Situationen schnell emotional werden, da beide Seiten sich unfair behandelt fühlen; zum anderen muss es manchmal einfach schnell gehen. Insbesondere, wenn die Sicherheit der restlichen Belegschaft oder die Unternehmenswerte in Gefahr sind, musst du umgehend handeln können.

Darum solltest du eine Handlungskette definieren, die mit dem Erkennen des Kündigungsgrundes beginnt. In meinem Unternehmen sieht die beispielsweise so aus:

Ein vorbereiteter Prozess nimmt in dieser Situation die Emotionen raus und gibt dir vor allem Handlungssicherheit. Die Kündigung wird professionell abgewickelt und du kannst deine Energie und Ressourcen schnell wieder zielgerichtet für dein Unternehmen einsetzen.

Nutze das Offboarding immer als Chance, etwas zu lernen, was dich und dein Unternehmen verbessern kann.

Ziehe für die Gestaltung des Prozesses am besten Experten für Arbeitsrecht hinzu. So gewährleistest du, dass du auch aus rechtlicher Perspektive alles beachtet hast und auf der sicheren Seite bist. Das wird dir später viel Zeit, Ärger und Geld ersparen.

Jetzt bist du dran!

In diesem Kapitel habe ich dir aufgezeigt, was du für ein professionelles Offboarding bedenken solltest. Nun ist es deine Aufgabe, einen blauen und einen roten Umschlag anzulegen. Dafür möchte ich dir ein paar Denkanstöße mitgeben:

BLAUER UMSCHLAG

- → *Was kann ich Positives aus der Situation ziehen?*
- → *Welche Fragen hätte ich gerne noch beantwortet, bevor die Mitarbeiterin geht?*
- → *Wie kann eine erfolgreiche Übergabe aussehen?*
- → *Wie bleiben wir in Kontakt?*

ROTER UMSCHLAG

- → *Was kann im schlimmsten Fall passieren?*
- → *Was muss ich in dem Fall rechtlich berücksichtigen?*
- → *Was kann auf mich zukommen?*
- → *Was mache ich konkret in diesen Situationen?*
- → *Über welche Konsequenzen muss ich den Mitarbeiter aufklären?*

Ich weiß, diese Überlegungen machen nicht gerade gute Laune. Kämpf dich einmal durch und hake das Thema ab. Die gute Nachricht: Du bist auf alles vorbereitet. Und: Den roten Umschlag wirst du sowieso sehr viel seltener aus der Schublade holen müssen als den blauen!

Mitarbeiter geht

NICHT PERSÖNLICH NEHMEN.
Menschen kommen und gehen, das gehört zum Unternehmer-Dasein dazu.

Hab einen Plan!

Im Guten

Neue Herausforderung
Private Gründe

Wie halte ich die Türe offen?

Zeig Wertschätzung für die Person und ihre Entscheidung. Mach klar, dass eine Rückkehr immer möglich ist und organisiere einen angemessenen Ausstand.

Im Schlechten

Fehlverhalten
Betriebsbedingt

Wie schütze ich mein Team?

Steh für deine Werte ein und zeige klare Konsequenzen für Missachtung und Fehlverhalten. Das gibt allen, die noch da sind, Sicherheit.

Wie bin ich auf der sicheren Seite?

Zieh einen Rechtsbeistand hinzu und informiere dich schon vorher zu deinen Rechten und Pflichten als Arbeitgeber.

Unternehmer müssen andersherum denken! Statt zu fragen: „Warum will keiner bei mir arbeiten?“, sollte man sich fragen: „Warum sollte jemand bei mir arbeiten wollen?“

Über den Autor

Als ehemaliger Soldat, passionierter Unternehmer und erfahrener Recruiter verbindet Andreas Mecke militärische Präzision mit unternehmerischer Weitsicht. Seine Karriere in verschiedenen Führungspositionen und seine Erfahrungen in der Personalberatung haben ihn zum Experten für innovative Mitarbeitergewinnung und -bindung gemacht. Andreas versteht es, traditionelle Ansätze herauszufordern und in der modernen Arbeitswelt neue, effektive Wege zu beschreiten.

Wie geht es jetzt für dich weiter?

Du hast es bis zum Ende dieses Buches geschafft und jetzt jede Menge Ideen und Strategien an der Hand, die dein Unternehmen und deine Mitarbeiterführung auf das nächste Level heben können. Jetzt liegt es an dir, diese Strategien auch umzusetzen. Ich weiß, dieser Sprung von der Theorie in die Praxis kann herausfordernd sein …

Brauchst du einen Schlachtplan für deine Recruiting-Strategie? Unterstützung für dein Team, um die neuen Taktiken effektiv einzuführen?

Ich stehe bereit, um dich zu beraten und zu unterstützen – melde dich einfach. Eine E-Mail an *losgehts@andreas-mecke.de* reicht.

Wir besprechen, wie ich dich und dein Unternehmen unterstützen kann. Gemeinsam stärken wir dich, dein Personalteam und deine Mitarbeitenden – für die erfolgreiche Zukunft deines Unternehmens.

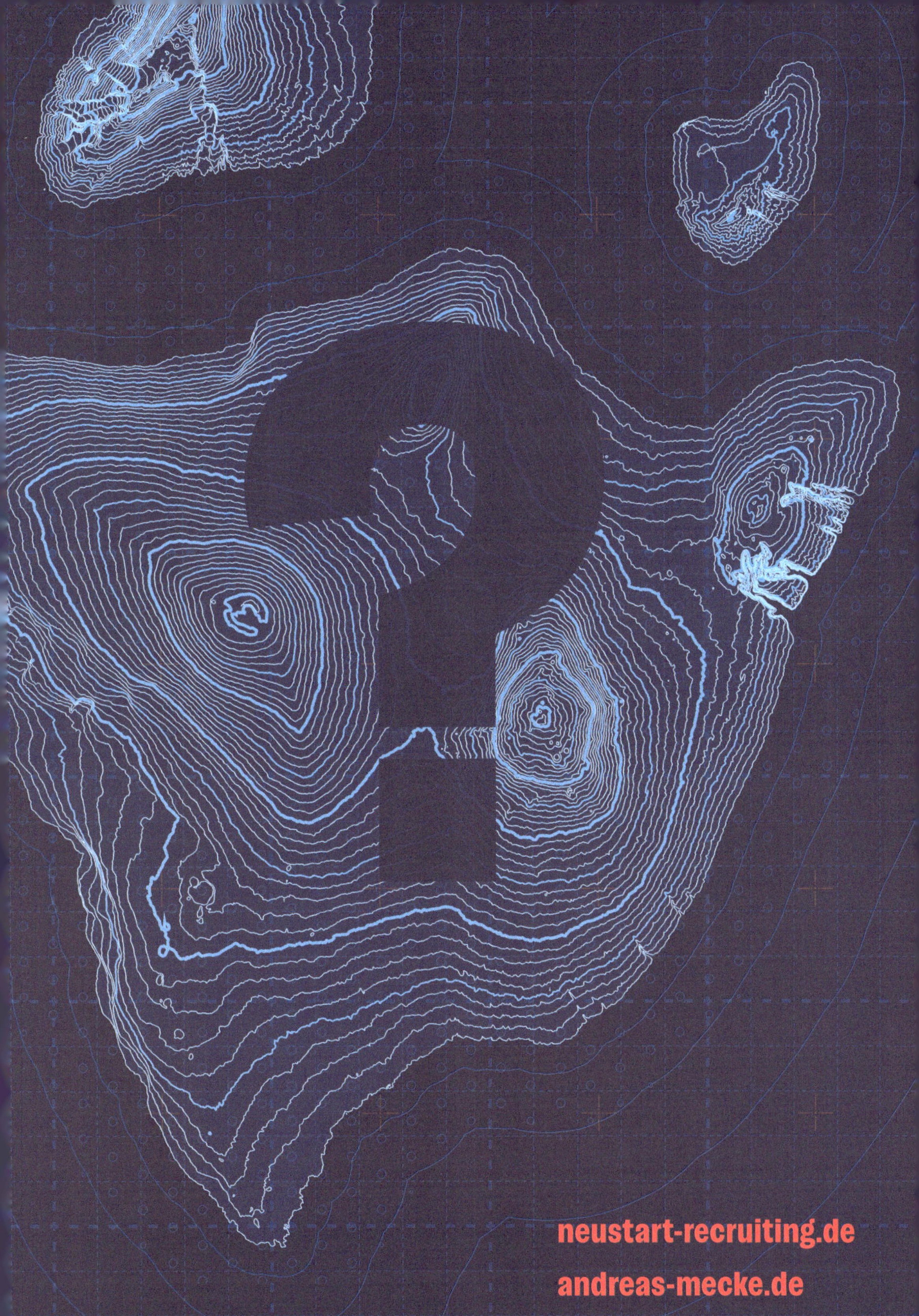
neustart-recruiting.de
andreas-mecke.de

Impressum

Bibliografische Information der Deutschen Nationalbibliothek

Die Deutsche Nationalbibliothek verzeichnet diese Publikation in der Deutschen Nationalbibliografie; detaillierte bibliografische Daten sind im Internet über http://dnb-dnb.de abrufbar.

Print: ISBN: 978-3-648-17762-4 Bestell-Nr.: 14185-0001

ePDF: ISBN: 978-3-648-17763-1 Bestell-Nr.: 14185-0150

Andreas Mecke

Neustart Recruiting – Wie du die besten Mitarbeitenden gewinnst und hältst

1. Auflage 2024

www.haufe.de

info@haufe.de

Produktmanagement: Jürgen Fischer
Redaktionelle Mitarbeit: Christiana Dehnen, Wülfrath
Lektorat: Anna Hubert, Zürich
Umschlag, Layout und Satz: Verena Lorenz, München

Bildnachweis: Freepik Garry Killian, Cover; sdecoret S. 7; benoitb S. 9; Rena Lolivier S. 1311; kokouu S. 13; MediaProduction S. 15; deepblue4you S. 17; cagkansayin S. 20; studionobra S. 22; photosaint S. 25; Design Cells S. 86; AntonioSolano S. 88; farakos S. 93; NicoElNino S. 94; AndreaObzerova S. 103; Liudmila Chernetska S. 105; Yelantsevv S. 107; RomoloTavani S. 110; ipopba S. 113; Boyloso S. 116; Liudmila Chernetska S. 118; fotojv S. 120; Freepik rawpixel.com S. 128–136